大夏
大夏书系·家庭教育

宝宝你在想什么

姜聚省 刘儒德 著

上海市著名商标
华东师范大学出版社
全国百佳图书出版单位

目 录

【0–1 岁】

宝宝怀着渴望的心情开始了生命之旅。他吮吸着妈妈的乳汁，对周围的事物特别感兴趣，渴望去抚摸它、认识它。对于够不着的东西，他就试着通过翻身、坐、爬行去接近它、得到它。对于自己喜欢的东西，会用小手去抓。高兴时会自然地露出微笑，不高兴时就毫无顾忌地哭闹。10个月后，宝宝就会有意识地发出简单的咿呀之语，走出说话的第一步。

【1–2岁】

宝宝摆脱了对母乳的依赖，开始以吃饭为主。宝宝站了起来，迈出人生的第一步。他可以“自由地”认识自己感兴趣的新奇事物。能够完成拾物、盖瓶等动作。会在不经意中开口说出爸爸妈妈说过的话，词汇量不断丰富。能够辨别一些颜色，对色彩鲜明的图画有着浓厚的兴趣，渴望认识自己，特别爱听爸爸妈妈讲故事。

【2-3岁】

3岁宝宝的行走和跑跳渐渐熟练自如，他能用脚踢球，用手取拿东西；对“说”和“听”表现出高度的积极性；对过去的人或事物表现出惊人的记忆力，能够基于记忆对目前的事情直接做出反应；情绪情感进一步分化和丰富：常常因为目的达不到而表现出愤怒和不满，也会因为愿望实现而高兴；喜欢与小朋友做游戏、玩耍，喜欢模仿别人，以自我为中心，与小朋友玩耍时容易发生冲突等。

一本用"爱"和"智"编织成的育儿书（序一）

张梅玲（中国科学院心理研究所研究员，博士生导师）

由姜聚省、刘儒德合著的有关0~3岁宝宝心理发展的科普读物——《宝宝你在想什么》，是一本融科学性、实用性、可读性和亲和性为一体，能让年轻父母读懂自己的孩子的好书。

一、科学性应该是任何一本科普读物的基本要求

本书以宝宝的口吻列举了64种比较突出的婴幼儿心理现象和问题。作者对宝宝的每一种行为表现不仅在行为层面上作了生动、如实的描述，而且用深入浅出的语言，根据婴幼儿的心理发展规律分析了行为背后的原因，如"扔玩具真好玩"（第44页）这一内容——10个月大的宝宝总爱把自己面前的玩具扔掉，而且扔得特别高兴。作者把宝宝扔东西这一行为视为宝宝手眼协调发展和宝宝探究事物的需要，看作宝宝由被动探究世界发展到主动探究周围世界的一种体现，并从这一层面上加以分析，认为这是宝宝认知能力的一大飞跃。这种科学的分析确保该书满足科学性这一基本要求。

二、实用性是科普读物的重要价值取向

这本书对宝宝的每一种行为表现，都是按是什么、为什么和怎么办的完全知识的框架来建构的。在"怎么办"这一内容中，作者对父母提出了非常具体的、具有可操作性的建议，读

者可以从中受到启发，进而把它们应用于自己的宝宝身上，促使宝宝更健康地发展。如宝宝扔玩具，作者就对父母提出三条具体的建议：一是精心挑选适当的物件（如玩具，一要不易损坏，二要安全，三要比较大）；二是父母参与宝宝自己发明的游戏（扔玩具），在参与中可以有目的地引导宝宝看看玩具滚到哪里去了，听一听发出了什么声音等，这样不仅能锻炼宝宝的认知能力，促进宝宝的动作发展，还可以促进亲子关系的健康发展；三是父母可以引导宝宝自己捡玩具。

三、可读性是科普读物的主要特点

本书所描述的64种0~3岁宝宝的典型行为表现和心理需求，都是来自宝宝成长中所发生的事，用通俗易懂的语言如实地表述出来，因此读起来不仅易懂，而且富有亲切感。对宝宝行为的分析和对父母的建议，作者都立足于事实，作深入浅出的科学分析，在建议部分还给父母指出在操作中应注意的问题，如上面提到的宝宝扔玩具的行为，在给父母的建议中提到精心挑选适当的物件。作者还提醒父母，当宝宝吃完饭后，就要把餐桌上的饭碗、食物拿走，以免宝宝养成扔食物的习惯，父母还要注意将家中的贵重物品收好，等等——这些都是在现实中可能发生的事，因此读者很容易接受，能读懂，这就引发了往下读的愿望和行为，让父母在阅读中读懂宝宝，而读懂宝宝是对宝宝优育的前提。

四、亲和性是指读者对读物的喜爱，以及和作者产生情感共鸣、情感交流

本书的内容建构和层次安排，符合读者的心理需求。作者在书中首先描写“案例故事”，接着说明宝宝为什么会这样，最

后说明父母应该怎样对待。我认为这样的框架结构非常符合读者的心理需求过程，因此本书具有很强的亲和性和吸引力。这种策划，非常好，也增强了本书的亲和性。

《宝宝你在想什么》之所以能融科学性、实用性和亲和性为一体，我认为，是因为本书作者不仅对宝宝怀有深深的爱和浓浓的情，而且还把他们的智慧和精力倾注在其中。姜聚省毕业于北京幼儿师范学校，从事幼儿教学工作十二载之多，刘儒德是北京师范大学心理学院的教授、博士生导师、教育心理学博士。他俩有了自己的宝宝，就把深厚的爱倾注在宝宝身上，详细记录了宝宝的成长历程。他俩站在儿童心理发展的科学角度来审视宝宝的成长，所以我认为这是一本用“爱”和“智”编织成的育儿好书，值得年轻父母一读。我更希望广大年轻父母都用“爱”和“智”来培育自己的宝宝，为每一个宝宝健康、快乐、成功的人生打下良好的基础。

理解宝宝是成功家教的首要前提（序二）

桑标（华东师范大学学前教育学院院长，教授，博士生导师）

一个宝宝的诞生通常对我们意味着太多的东西。当注视着他时，我们常常能够感觉到自己的生命正以一种奇妙的方式在另一个小小的身体中延续。我们用人世间最美好的词来形容他们，因为他们如此纯真无邪，如此美丽可爱……但就在我们惊叹着这种生命的奇迹，享受着宝宝给我们带来的无限喜乐和希望，看着他们慢慢长大时，年轻的爸爸妈妈们经常为孩子成长中出现的一些问题困扰着。没有过往的经验可以参考，爸爸妈妈们常常感到焦虑、不安、矛盾和不知所措……“我的孩子为什么会这样呢？”“宝宝现在这样是正常的吗？”“我这样做对不对？”“我该怎么办才好呢？”这些都是经常浮现在父母脑海中的问题。

为了帮助年轻的爸爸妈妈们更好地去了解宝宝、应对宝宝成长中出现的问题，聂省和儒德写了《宝宝你在想什么》这本书。这本书给人以耳目一新之感，书中不仅包含着他们多年来从事儿童发展、教育心理学研究所积累的丰富经验，同时也包含着他们自己在养育宝宝过程中所收获的点滴心得。尤其值得一提的是，聂省不仅从一个母亲的细腻角度给了孩子爱、关注和照料，而且从儿童心理发展的专业角度思考孩子的成长变化，在实践中探索怎样才能让宝宝更健康地长大。从这个意义上讲，她既是一名研究者，也是一名实践者。12年幼教工作帮助她积累了丰富的专业知识，而宝宝的诞生又给了她一个契机，让她能够亲身体验孩子从呱呱落地到逐渐长大的每一个细节。专业知识指导着她的具体实践，而实践也帮助她更好地去回顾、修正、完善以往的知识，这个过程在她每天与孩子的相处过程中不断地重复，五十多万字的育儿日记记录了她在这一过程中倾注的心血和热情。这本书无疑是作者长期探索，而后反复斟酌、酝酿下的心血结晶。

这本书里的主人公都是0~3岁的小宝宝。在这个时期，小宝宝们的语言发展还不是特别好，他们还不会或不善于说话，我们无法像和大人一样去跟他们沟通，也无法像教大孩子那样，直接跟他们讲道理，告诉他们这样做是对的或者是不对的，因为宝宝还不能全部听懂你的话。爸爸妈妈们或多或少会感到有些头疼，因为他们在与成人交往中所习得的经验很难适用于他们与宝宝之间。那么在这种情况下，爸爸妈妈们应该怎么办呢？

聚省和儒德通过讲述他们的生活中或身边发生的育儿故事，向你解释了宝宝在这一时期的各种心理变化，让你能够更好地理解宝宝行为背后的原因，从而不再对宝宝感到生气、焦虑或无助。正如他们在书中所提到的，读懂宝宝是成功家教的首要前提，因为所有真正成功的家教，都必须建立在对宝宝的独特心理状态的了解，并据此因势利导之上。

了解了宝宝的心理活动之后，那么接下来就是做了。要怎么做才能达到最好的效果呢？自己父母、朋友给的建议正确吗？聚省和儒德同样通过那些小故事和你一起探讨了以往育儿经验中出现的一些误区，为年轻的爸爸妈妈们应该怎么处理这些情况给出了一些具体的建议。这些建议都很具可操作性和可行性，因为这也是作者自己作为父母在育儿过程中不断思考和总结出来的经验。

如果您对小孩子感兴趣，想知道更多他们的心理变化；

如果您正计划要一个小宝宝，想为以后提早做些知识储备；

如果您已经有了一个小宝宝，正为他的一些问题感到烦恼；

如果您想要更好地了解教育孩子的一些方法策略；

如果您看到那么多种类的育儿书籍，觉得有些挑花了眼；

那么我很真诚地向您推荐这本书，

因为我相信它有足够的价值为您所用，您也一定可以从中获益匪浅！

读懂孩子（序三）

刘儒德（北京师范大学心理学院教授，博士生导师）

“孩子为什么老爱哭？”

“孩子为什么老爱粘着妈妈？”

“孩子为什么越大越不听话了？”

“孩子害怕声音怎么办？”

“孩子什么都不会做怎么办？”

……

经常有家长忧心忡忡地问我们这样那样的问题。如果不是自身做了父母，我们对这些问题的思考，仍然停留在儿童和教育心理学的书本符号上，而缺乏深刻的体验。

自从孩子出生后，我们一直记录着她的成长历程，其中有突出的事件、活动、行为、对话以及指标等。当我们以儿童心理学知识审视它们时，我们发现，婴幼儿虽然不会或不善于说话，但会通过很多表达方式，告诉我们她的需求、感受和思维。大凡成功、有效的教育方法，正好顺应了她的这些心理活动。读懂孩子，实在是成功家教的首要前提。父母需要时时刻刻反问自己：“宝宝，你在想什么？”

理虽如此，但孩子的行为是复杂的、变化着的。有些家长可能感到困惑：我们怎么能够从孩子的行为之中，知道宝宝在想什么呢？的确，这不是一件轻而易举的事情！世上没有哪一本儿童心理学的书籍会告诉你，对于你的特定的孩子、孩子的特定问题，如何进行特定的教育，但还是有些共同的规律可循的。

例如，有些家长总是抱怨孩子什么都不肯做、不会做。殊不知，这不是孩子的错，而是自己在无意之中将他的独立性扼杀在萌芽阶段了。1岁多的孩子刚刚学会走路、拿东西时，特别喜欢做事。2岁以后，这种独立做事的愿望越来越强烈。你帮他穿袜子，他要自己穿，你硬帮他穿好了，他会脱下来，自己重新穿。他要上沙发，你若抱他上去，他会溜下来，自己再爬。可是，2岁孩子的能力毕竟有限，难免动作笨拙，不是穿反了鞋，就是摔倒在地。你看在眼里，急在心里，忍不住责怪他，为图省事而越俎代庖。久而久之，孩子开始怀疑自己的能力，变得越来越不自信了，什么也不愿做了，心想反正有人还会做一遍的。等到孩子的自卑、依赖、退缩日益显露出来时，问题确实难办了。这种不幸，不是你故意造成的，而是没有读懂孩子的心理。

读懂孩子的心理其实并非什么难事儿，只要你细心观察、耐心倾听、精心思考就能做好。为了提示、启发父母观察与思考，在这本书中，我们以孩子的口吻做标题，列举了64种比较突出的婴幼儿心理现象。每种现象都是以一二则具体、形象的案例来描述的。这些案例来源于我们自己的经历以及身边发生的育儿实例。其中有些案例可能反映了父母们在育儿过程中存在的盲区、误区。对于每种行为现象，我们从多种角度分析了孩子的心理原因，并且提出了一些具体的招儿，建议父母如何应对，希望对父母们多有帮助。

读懂孩子，因势利导，实为育儿艺术的至高境界。

宝宝怀着渴望的心情开始了生命之旅。他吮吸着妈妈的乳汁，对周围的事物特别感兴趣，渴望去抚摸它、认识它。对于够不着的东西，他就试着通过翻身、坐、爬行去接近它、得到它。对于自己喜欢的东西，会用小手去抓。高兴时会自然地露出微笑，不高兴时就毫无顾忌地哭闹。10个月后，宝宝就会有意识地发出简单的咿呀之语，走出说话的第一步。

0-1岁

01 我最爱吃妈妈的奶

案例故事

亮亮的妈妈不愿意让宝宝吃自己的奶，她一来怕影响自己的身材，二来觉得现在的配方奶粉也不错，再说，喂不了几个月就要上班，还不如宝宝一生下来就让他吃配方奶粉呢。

文文的妈妈却认为最好让宝宝喝母乳，母乳喂养的宝宝是幸福的，母乳包含着新生儿需要的能量和营养成分，能够使宝宝很好地进行新陈代谢，具备很好的免疫力，并避免早期的过敏。文文一生下来就开始喝母乳，妈妈为了母乳的质量，非常注意自己的营养与健康，文文长得非常壮，而且几乎没有生过病。

宝宝为什么会这样

母乳是婴儿最理想、最完美的食物

母乳相对于牛奶而言是满足宝宝能量和营养需求的最好“食品”。母乳的营养“配方”恰到好处，除了维生素 D，这个阶段的婴儿几乎可以从母乳中得到各种需要的营养素。母乳适合宝宝的肠道消化功能；适合宝宝有限的肾排泄功能；包含丰富的微量元素，宝宝能够从中吸收铁元素；具有抗病免疫功能；是无菌的；温度适宜，用不着加热；能防止早期过敏。

美国育儿专家苏珊·罗伯特说过："婴儿期所吃的东西，能影响宝宝的身体、健康，甚至整个的一生。骨骼的发育就是一个例子。不用母乳喂养而用配制成的婴儿奶粉喂养的宝宝，8岁时他的骨质的钙化作用发育比母乳喂养的差。"她又解释说，母乳喂养的另一项好处是，在智力效应、体格发育、运动技能、免疫功能等方面，均优于其他喂养食物，原因就在于，形形色色的奶粉均配不齐在母乳中所发现的生长必需物质。

宝宝喜欢母乳的"就餐环境"

妈妈的怀抱、温暖的身体和心跳，使他感到安全，享受到被关爱的甜美滋味。当宝宝生理上和心理上的需求得到满足时，宝宝感受到极大的快乐和满足。

从一出生，宝宝就开始吃母乳，这已经成了宝宝生活中的一种规律，宝宝习惯了妈妈的姿势、妈妈身上的味道，如果突然让宝宝停止吃奶，宝宝会表现出强烈的不适应。

父母应该怎样对待

妈妈要有母乳喂养的心理准备

从产前开始，妈妈就要相信自己能够分泌充足的乳汁喂养宝宝，树立母乳喂养的信心，不要担心母乳喂养会影响自己的体形。

在孕期，妈妈可以通过阅读育儿书籍、杂志，参加讲座等形式来学习母乳喂养的知识，了解母乳喂养的好处及喂养方法。

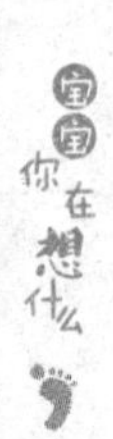

➢ 合理膳食，增加营养

在怀孕期间，合理的饮食不仅可以保证母体的营养需要，促进胎儿的发育，还有助于妈妈作好哺乳准备。

产后妈妈还可以多吃一些促进乳汁分泌的食品，如鲫鱼汤、猪蹄汤、赤豆汤等，但要注意饮食不要太油腻。

如果乳汁不够，就要给宝宝加配方奶。

➢ 让宝宝早吸吮

吸吮反射是宝宝的本能，尽早让宝宝吸吮可以刺激母乳分泌。分娩后 30 分钟内，医护人员会将宝宝放在你的胸前，让宝宝吸吮，这时，虽然妈妈非常疲劳，乳汁也少得可怜，但请妈妈们不要拒绝。

02 妈妈，我喜欢看

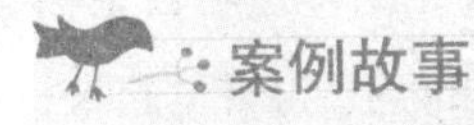

辉辉的小床上方挂着小鸟的音乐响铃，当辉辉醒着的时候，妈妈就打开音乐响铃，响铃随机奏出甜美的音乐，每当此时，辉辉都会手舞足蹈。音乐演奏完毕，妈妈还要让辉辉看看彩色的气球和颜色鲜艳的小玩具，并用温柔的声音告诉辉辉气球的颜色、小玩具的名称等。妈妈还常常把音乐响铃换位置，让辉辉看、听。奶奶却认为刚出生的宝宝什么都不懂，没必要跟他又说又唱的，真是白费功夫，有时间还不如休养一会儿。妈妈尽管说不出什么道道来，但是看到辉辉高兴的样子，就坚信这样做是对宝宝有益的。

宝宝为什么会这样

宝宝一出生就有看的能力

研究表明，90%以上的新生儿有追看移动东西的能力。有人做过这样一个实验：在新生儿处于安静的觉醒状态时，用一个颜色鲜艳的球，在他眼前10厘米处轻轻移动，先引起他的注意，然后将球从中间向一侧慢慢移动，一边移一边轻轻转动球。这时会发现，婴儿的眼睛和头会慢慢跟着球转动。当球从中间向头上方移动时，新生儿有时也能略抬起头，眼睛向上继续追逐球。

满月后，宝宝对色彩就有了反应。

➢ 宝宝的运动机能及听觉机能开始发展

宝宝还具有听的能力、对声音的定向力。例如，父母可找来一个饼干盒，在里面装上一些黄豆，在婴儿的耳边轻轻地摇动饼干盒，发出柔和的“咯咯”声。新生儿的脸显得警觉起来，他的头部和眼睛转向饼干盒的方向，并用目光寻找声源。在另一侧耳边摇动饼干盒，他的头会转向另一侧。宝宝不爱听尖锐、过强的音响，当他听到这类噪音时，头部会转向相反方向，或以啼哭表示拒绝这种干扰。

父母应该怎样对待

➢ 布置丰富多彩的生活环境

父母可给宝宝布置一个丰富多彩的生活环境，让睡床的周围及整个房间里都有鲜艳的色彩，使他有机会看到一些鲜艳的颜色，如红、黄、蓝、绿等。还可在宝宝睡床的上方悬挂一些彩色玩具，如吹气塑料玩具、彩色气球或用彩纸折叠成的小玩具等。这些玩具悬挂在宝宝胸部上方 70 厘米左右的地方，还应经常换换位置，以免宝宝睡偏了头或造成斜视，而且每换一次位置宝宝都有一种新鲜感，还可以使宝宝从不同的角度认识同一个物体。悬挂的物品也应经常更换，使宝宝能够感受到不同的色彩和形体。

让宝宝多看、多听、多摸

父母可以经常和宝宝对视，让宝宝多看看亲人的脸，并用亲切的语调放慢速度跟宝宝说话，让宝宝看他所喜爱的东西，父母应利用各种机会对他进行良性的刺激，让他了解这个世界。

当宝宝清醒且情绪好时，父母可以让宝宝听音乐，和宝宝说话；当宝宝疲劳的时候，如宝宝的目光离开妈妈或所看的物体时，不要再打扰宝宝，让宝宝美美地睡上一觉。

多准备一些轻软、有声有色的玩具，宝宝能摇动的，就让他摇一摇，摸一摸，以此来锻炼宝宝完整的感知能力。

跟宝宝玩一些轻松的游戏

妈妈可以在宝宝耳边（距离 10 厘米左右）轻轻地呼唤他，使他听到你的声音后转过头来看你。还可以利用一些能发出柔和声音的小塑料玩具或颜色鲜艳的小球等吸引宝宝听和看的兴趣。如妈妈抱着宝宝，然后让爸爸摇动能发出声响的玩具，让宝宝寻找声源。

03 妈妈，抱抱我

案例故事

刁刁在小床上哭，妈妈跑过去刚要抱，姥姥对妈妈说："娃儿不能老抱。抱惯了就放不下，今后不好带。即使她哭，也不要理她。"刁刁在床上继续哭着，妈妈迟疑了一下，还是跑过去把刁刁抱在怀里，这下小家伙不哭了。

妈妈喂完奶，把明明放到小床上。可是没过多久，明明就哭起来了。妈妈自言自语："不是刚刚喂完你吗？你怎么又哭了，难道没吃饱？……"妈妈边说边走到明明身边，抱起明明一看，小家伙尿湿了。妈妈笑着说："噢，原来你是想告诉妈妈尿湿了，对不对？"妈妈赶快给明明换了干净的衣服和尿布，明明冲着妈妈笑了。

宝宝为什么会这样

宝宝用哭声表达一切需求

刚出生的宝宝软弱无力，茫然无助，只会通过哭声来呼唤周围的人，用哭声告知一切需求。宝宝对父母几乎百分之百地依赖，这在他最初的生长阶段是自然的、必要的。宝宝不断地要求看护、拥抱、喂奶、换洗、爱抚和哄逗，以获得舒适和满足，这完全是正常的。

有的老人说，不要总抱着宝宝，抱惯了就放不下，今后不好带；有人说，让宝宝在床上自己玩，自己睡，只要在他旁边摆放一个收音机就可以了；还有人说，宝宝都是要哭的，哭累了就会睡觉，不用总守在他身边……他们怕当妈妈的惯坏了宝宝，也想让妈妈轻松一下。但是专家认为，宝宝哭闹，肯定是宝宝有某些需求或不舒服的地方，想想看，当你很无助的时候，是多么迫切地需要别人来到你身边，哪怕是几句安慰的话。

➢ 宝宝渴求抚摸和拥抱

宝宝喜欢父母抱他、搂他、抚摸他。父母与宝宝的亲密接触或情感交流，是人类伟大感情的一部分。正如意大利教育家玛利亚·蒙台梭利在《童年的秘密》一书中所写的：当脐带被剪断之后，宝宝脱离了赖以生存的母体，成为一个独立的人。一个稚弱的生命多么渴望以赤露之躯贴近他熟悉的肌肤，以减轻分离的苦痛。他需要温暖，衣物不能提供温暖，只是保存体内已有的能量；他需要母亲继续用他所熟悉的体温温暖他。

父母多抱宝宝还能帮助宝宝长高身体。搂抱时的皮肤接触和情感交流，可以营造温馨和谐的家庭气氛，促使机体生长激素、甲状腺素等促进身体发育的激素正常分泌，为身体长高提供必要保证。

妈妈抱着自己的宝宝时，经常会从头到脚仔细地观察他、

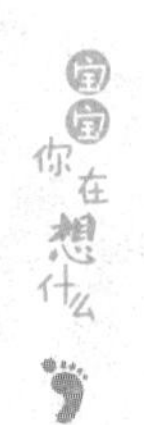

抚摸他，让他尽快认识妈妈，也让他获得一种安全和舒适的感觉。通过拥抱、抚摸，亲情和温暖在妈妈和宝宝之间无声地传递着，这是妈妈最初能给予宝宝的最珍贵的爱。

➢ 宝宝可获得一种安全感

宝宝的哭闹是一种有益的反应，他期待着自己的哭闹立即得到父母的回应，这种因果联系带给宝宝一种安全感和舒适感，同时，也教会宝宝信任自己的父母。只要我们细心体验，就会发现宝宝对我们的拥抱会用他们特有的方式来回报。6 ~ 8 周，宝宝以微笑回报；3 个月时，除了微笑外，宝宝还会发出“咯咯”的笑声，甚至手舞足蹈。通过这种关心、拥抱和互动，宝宝学会了信任，这种信任会使宝宝逐渐变得独立起来。

事实上，宝宝哭闹的时候把他抱起来并不会惯坏他，相反，有助于他建立起安全感，而这种安全感自然会使日后的哭闹逐渐减少。如果父母对他的哭闹不予理睬，或者回应得不及时、不确定，宝宝会很快感觉到自己对环境的无奈和无助，从此对周边环境和周围的人产生不信任感。根据一些专家的研究，在人生的最初几年里，如果没有产生正确的信任、安全依恋感，宝宝长大后可能成为只顾自己而对别人毫无感情的人，也可能成为缺乏安全感或对人过分猜疑的人，还可能成为具有破坏性和攻击性的人。

➢ 能促进宝宝的智力发展

专家研究显示，宝宝的智力发展与感官所受刺激量密切相关。当把宝宝抱起，带他到外面接触五彩缤纷、新奇陌生的世界时，宝宝可以通过视觉摄取更多的信息。这可以大大促进宝宝的大脑发育，并增进亲子之间的交流。

父母应该怎样对待

➢ 多抱宝宝

爸爸妈妈多抱抱宝宝，通过搂抱、亲吻、抚摸、轻拍等动作，与宝宝的身体接触，可以更加了解宝宝的需求，从而及时满足这些需求。

➢ 妈妈抱着宝宝哺乳

妈妈要常常抱着宝宝哺乳，妈妈温暖的身体和心跳，会让宝宝陶醉。当宝宝生理和心理上的需求得到满足的时候，宝宝会感到极大的快乐和满足。

➢ 妈妈温柔地触摸宝宝

妈妈为宝宝换尿布、洗澡、穿衣的时候，动作轻柔并富有感情，这种温柔的触摸也会使宝宝获得安全感和快乐。

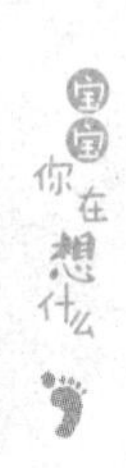

➢ 抱着宝宝交流

当父母抱着宝宝并跟他说话的时候，要用爱的眼神看着宝宝，宝宝很喜欢父母高低音律的说话声音。

➢ 抱宝宝到户外去

把宝宝抱到外面去，将五彩缤纷的世界展现在他们眼前，他们就可以通过视觉获得更多的信息。这不仅可以促进宝宝的大脑发育，还能增长宝宝的见识。

04 妈妈，我用哭声告诉你

案例故事

明明的妈妈刚要睡下，明明就哭了起来，妈妈只好把奶嘴放在明明的嘴里。可是没过多久，明明又哭起来了，妈妈只好又起床，检查一下，没有小便，刚喂了奶，怎么还不睡觉？明明的妈妈很纳闷：这个宝宝怎么这么爱哭呀？有时候，要哭好几次，简直弄得妈妈不知如何是好。

笑笑的妈妈正在吃饭，笑笑在小床上哭了起来，妈妈赶紧放下碗就去抱笑笑，边走还边摇着笑笑，但是笑笑继续哭着。后来，妈妈才发觉笑笑大便了，赶快替笑笑换上纸尿裤，这时候笑笑才止住哭。原来，妈妈一着急判断错了，笑笑是因为下面湿漉漉的不舒服才哭。从此，笑笑的妈妈非常注意观察，知道了宝宝哭是有很多原因的，还很快学会了安抚笑笑的方法，她有时把笑笑竖直抱起来，放在肩头上，轻拍她，并来回走动。这样笑笑很快处于警醒状态，并且能够平视周围新鲜的环境，笑笑的哭声越来越少了……

宝宝为什么会这样

啼哭是宝宝最早与成人交往的方式之一

啼哭是婴儿最早与成人交往的方式之一，是婴儿影响成人行为强有力的手段。对于婴儿特别是一点都没有自理和自制能

力的新生儿，啼哭非常重要。他通过哭声提醒大人注意他、照料他，及时满足他的各种生理需要，啼哭能对成人照顾婴儿的活动起一种导向作用。

不同的宝宝哭声有大有小，时间有长有短，有的宝宝还会经常在夜间哭，但是要知道这些啼哭都是宝宝在告诉父母自己的需求。

➢ 宝宝啼哭的原因

我们可以根据宝宝什么时间哭、什么情况下哭，以及宝宝的一些特征来确定宝宝啼哭的原因。细心的妈妈经过摸索会很快掌握宝宝啼哭的原因。例如，妈妈是4个小时前给宝宝喂的奶，现在宝宝哭了，可能是因为饿了；但是如果半个小时前喂的奶，那么宝宝哭通常不是因为饿了，而可能是因为还没有打完嗝或尿了，以至于宝宝难以入睡。

一般来说，宝宝哭最常见的原因包括身体需要和社会需要两个方面。身体需要方面的原因：饿了，累了，刺激过度，大小便，疼痛，气候变化，生病等。社会需要方面的原因：不愿意一个人待着，想得到身体上的接触，想一起玩，面对陌生人、陌生环境等。

➢ 宝宝啼哭是有周期的

在出生后的数周内，所有的宝宝总是要哭的。3个月之后，大多数的宝宝就不哭了，或哭得少了。但是不同宝宝哭的周期是不同的，有的宝宝4～5周时哭得很凶，有的7～8周时哭得很凶。

观察宝宝，尽快获得护理宝宝的经验

大自然赋予了父母对宝宝啼哭行为所具备的敏感性，但是仅仅跟着感觉走是不行的，我们还必须借助经验和知识。

首先，啼哭不一定是肚子饿了。没有经验的父母对宝宝啼哭的第一反应就是给他喂奶。

其次，在出生后数周内，不同宝宝的需要和个性就已经出现不同，所以，我们要搞清楚：有的宝宝哭是因为累过头了睡不着觉，有的是因为环境太吵，有的是因为尿湿后宝宝感觉不舒服等。父母有一个适应和学习的过程，任何忠告都不如与自己的宝宝直接打交道好，这样父母才能掌握宝宝的个性并因材施教。

一般而言，新生儿是很少真正生病的，他们从母体那儿得到了避免感染的免疫力。但是也有例外，如小肠岔气使得宝宝疼痛导致啼哭。如果宝宝啼哭不止，或者不吃不喝，发烧了，那么就必须上医院。

正确理解宝宝的需求

有的母亲能够整天待在家里照顾宝宝，有的则由于各种原因只能短时间和宝宝接触，宝宝一般能够根据不同的情况适应他本身的需要，而不影响正常发育。

在日常生活中，宝宝的啼哭行为一般在他们出生后 3 个月内发生。父母要对自己的宝宝进行观察，找出相应的正确的

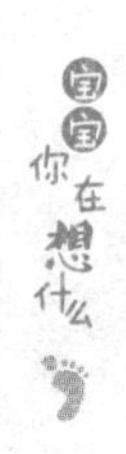

安慰方式来减少宝宝的啼哭次数，但是不可能杜绝宝宝啼哭现象的发生。如例子中，明明啼哭大概就是想获得妈妈的抚摸与安慰。

➢ 有规律地搂抱宝宝，可相对减少宝宝的啼哭

最新的研究成果表明，如果一个婴儿每天被抱 3 个小时以上，那么他哭得就少，关键是不要等宝宝哭了再抱他，而要养成一天中经常抱他和有规律地抱他的习惯。事实证明，经常被搂抱的宝宝啼哭就少。

宝宝醒着的时候和父母一起玩得越多，宝宝就睡得越好，哭得越少。

父母要让宝宝养成良好的睡眠习惯和醒来进餐的习惯，使宝宝的生活有规律，这样，宝宝啼哭少，啼哭周期也短。

➢ 运用适合的方法来安慰宝宝

父母有很多方法可以使宝宝安静下来。如看着宝宝，对着宝宝轻声说话或唱歌；抚摸宝宝；把手放在宝宝的肚子上；抓住宝宝的手臂和双腿；给宝宝奶嘴，把宝宝搂抱在怀里；抱着他轻轻摇摆或来回走动等。这些都是安慰宝宝的方法。父母要从实际出发，找出适合的方法安慰自己的宝宝。

➢ 积极对待宝宝的啼哭

切记不能不管宝宝，让宝宝啼哭。有的父母对待哭闹的宝宝，采取放任不管的方法，任宝宝哭闹，是没有任何意义的，宝宝绝对不会因为父母不管而停止哭闹。有的父母认为，宝宝

一哭就迅速做出反应，宝宝就会养成啼哭的坏毛病。这并不适合刚出生几个月的宝宝。如果宝宝能够迅速得到父母的安慰，啼哭反而会减少。宝宝半岁之后，父母才有必要产生这种担心。

对待宝宝的啼哭，不要垂头丧气，要知道任何一个宝宝都有啼哭的周期，要积极乐观地对待。

05 让我好好睡吧

案例故事

玲玲快3个月了，从出生到现在，晚上还没有睡过一个安稳觉。妈妈被她弄得非常疲劳。每天晚上，玲玲都要哭闹几次，妈妈只好起来安慰、喂奶，折腾半天，玲玲才能又睡去。妈妈每晚要起床好几次，被宝宝弄得垂头丧气，白天没有一点精神。

玲玲总要在妈妈的怀里才能睡觉。睡觉的时候，她含着妈妈的奶头，妈妈还要轻轻摇着她，一直到她睡熟，才能把她放到床上，这时筋疲力尽的妈妈才能松口气。

军军的妈妈比玲玲的妈妈幸运多了。军军出生4周左右，就每晚只醒来一次，喝奶之后又立刻睡去。等到第二个月的时候，军军能够一觉睡到天亮。每天睡觉前，军军醒着的时候，妈妈就把他放到小床上，然后坐在小床边，当军军哭了，不安静的时候，妈妈就摸摸他的头，轻轻地拍着他，跟他说话或唱歌，然后军军就安静地睡去。好多妈妈都羡慕军军的妈妈，并询问她如何使宝宝养成这么好的睡眠习惯。

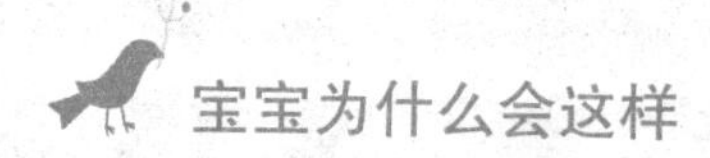

宝宝为什么会这样

➢ 宝宝出生后的睡眠规律造成的

宝宝出生后2～4周内，大概每隔2～4小时睡觉一次，醒着的时间也很短，其睡眠还不能与昼夜交替相适应，宝宝醒来的时间没有和白天联系在一起，睡觉的时候也不会和黑夜有关联。

睡眠时间是由宝宝的睡眠需要决定的，而每个宝宝都有各自的睡眠需要。每个宝宝每天睡觉的总量基本上是固定的，白天睡觉时间长，晚上睡眠时间就会短。

➢ 宝宝的睡眠逐渐有规律

出生后的几个月内，宝宝晚上睡眠不好是因为他们的睡眠周期还没有形成，以及晚上还需要补充营养。一系列的刺激使宝宝在出生后开始逐渐适应昼夜交替，例如，白天光线明亮和夜里光线昏暗，白天的喧闹和晚上的宁静，温度的变化以及换穿不同的衣服、尿裤，与爸爸妈妈在不同时间段的接触等，因而宝宝的睡眠越来越趋向规律。

宝宝开始在晚上的固定时间睡觉，在深夜的固定时间醒来，这时，宝宝醒来的持续时间还比较长。10 周左右，宝宝第一次能够一觉到天亮了。接下来的几周，宝宝上午醒着的时间较长，开始形成两个睡觉的时间段。15 周左右，宝宝的睡醒周期就比较规律了。

➢ 宝宝的睡眠行为因人而异

宝宝的睡眠行为也因人而异。宝宝的睡醒周期主要取决于大脑的发育情况，而每个宝宝的发育情况是不同的。有的宝宝能很快形成有规律的睡眠，在 3 个月前就能“连续睡觉”，而有的宝宝 3 个月之后才能“连续睡觉”。

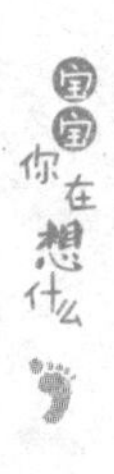

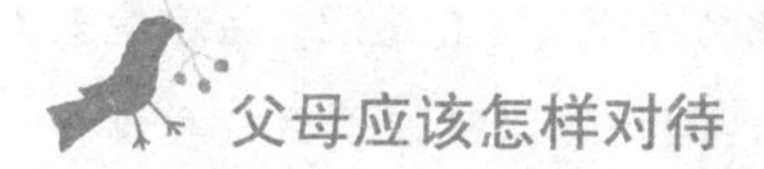

➢ 帮宝宝建立睡眠模式

让宝宝慢慢形成一个固定的睡眠模式。每晚睡觉前的模式应该基本相同，这样宝宝就会知道什么时候该睡觉了。例如，固定时间给宝宝喂奶，给宝宝洗澡，然后和宝宝玩一会儿，把宝宝放到床上去，抚摸宝宝，把灯光调暗，给宝宝唱摇篮曲或让宝宝听安静的音乐……

➢ 创造轻松、安全的氛围

宝宝不仅白天需要安全感，晚上同样需要安全感。如给宝宝洗澡，体贴入微地照料，给宝宝轻轻按摩等，都会让宝宝全身心地放松，令宝宝愉快。睡觉前，不要突然心血来潮地逗弄宝宝，让宝宝情绪激动，或抱着宝宝一同观看父母喜欢看的电视节目并哈哈大笑等，这样非常不利于宝宝安静入睡。

➢ 采用合适的安抚方式

玲玲的入睡是和妈妈的奶头、搂抱以及摇晃联系在一起的，这已经成了她睡觉前必不可少的程序，只有和妈妈在身体上紧密接触，她才能入睡。而军军则独立一些，他入睡前不需要跟妈妈有紧密的身体接触。这是两种不同的教育方式。如果妈妈想轻松一些，不妨跟军军的妈妈学习一下，慈爱地看着宝宝，跟宝宝轻声说话、唱歌，轻拍宝宝，让宝宝安静下来。

➢ 持之以恒，改变宝宝的睡眠习惯

日常生活有节奏，宝宝也会感觉舒服，不规律的生活既给父母带来麻烦，也会使宝宝烦躁。父母要给宝宝时间慢慢地适应白天黑夜的变化，合理地调整宝宝吃饭、睡觉和玩耍的时间，努力使宝宝养成良好的、有规律的睡眠习惯。值得注意的是，改变宝宝的睡眠习惯必须持之以恒，坚持一到两周才能达到目的，这虽然费力但非常值得。

➢ 共同协商，照看宝宝

对待夜里总是哭闹的宝宝，如果父母双方都夜夜起来照顾宝宝，两个人都会非常疲惫；如果总是一方去照看宝宝，另一方则蒙头大睡，也容易使劳累的一方无法忍受，从而影响夫妻间的感情。所以父母要共同协商解决问题，考虑如何“夜间值班”。如父亲可在周末晚上照顾宝宝，既让疲惫的母亲身心得以调节，又不会影响父亲第二天的工作。总之，对待刚刚出生不久的宝宝，父母千万不要着急，遇事共同商量，精心抚育宝宝，使宝宝健康成长。

06 我想吃蛋黄了

案例故事

小雪3个半月的时候，妈妈开始给她添加蛋黄，开始只给她四分之一个蛋黄，把蛋黄放到水里，搅拌均匀，喂给她吃，她也不拒绝，吃得干干净净。妈妈观察几天，发现小雪并没有出现不良反应，就加大了蛋黄的量，从四分之一到二分之一个蛋黄，再到一个蛋黄。后来逐渐给小雪添加了米汤、菜泥等辅食，小家伙长得非常健壮。

伟伟4个月的时候，妈妈也开始给他添加蛋黄。伟伟很喜欢吃，妈妈看伟伟没有什么不良反应，就给他一下加了很多种辅食，结果伟伟有些不接受了，出现了腹泻、消化不良的现象，吓得妈妈又都取消了这些辅食。因为她不知道是哪种食物引起了宝宝的不适。

宝宝为什么会这样

➢ 宝宝4个月时需要更加丰富的营养

宝宝逐渐长大，对营养物质的需求量也就越来越多，光靠母乳是无法满足宝宝生长发育所需营养的，必须逐渐添加辅食。每个宝宝的发展不尽相同，但是当宝宝4个月的时候，体内的铁元素储备已经消耗殆尽，为了防止宝宝贫血，应该从这个月龄开始添加蛋黄，以补充铁质。

➢ 宝宝对辅食的接受情况存在差异

有的宝宝能够很快接受辅食，有的宝宝接受起来较慢，父母要根据自己宝宝的接受情况，逐步添加辅食。

➢ 妈妈缺乏计划

妈妈急于求成，给宝宝一次添加好几样辅食，这样容易引起宝宝消化不良的现象，不利于宝宝的生长发育。

父母应该怎样对待

➢ 循序渐进

给宝宝添加辅食，要逐渐增加，先试一种，然后注意观察宝宝的反应，如果宝宝没有过敏反应，再给宝宝添加一种，循序渐进。

➢ 由少到多，由细到粗，由稀到稠

添加辅食的量要由少到多，如蛋黄，可先加四分之一个蛋黄，然后加二分之一个蛋黄，慢慢过渡到加一个完整的蛋黄。注意开始不要强迫宝宝把东西吃完，他能吃多少就吃多少。宝宝未长牙的时候，给宝宝添加辅食要从液体开始，逐渐向糊状、泥状及固体食物过渡，即从果汁、菜水到米糊、肉泥，再过渡到小块的肉或菜，这样有利于宝宝的消化。

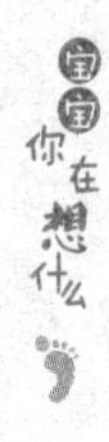

加辅食的规律一般为：2 ～ 3 个月，可以喂煮菜水、果汁；4 ～ 6 个月，先加蛋黄，后加蛋羹、米汤、肉泥、鱼泥、菜泥、水果泥；7 ~ 9 个月，加焖面、豆腐、鱼、虾、馒头；10 ～ 12 个月，加软米饭、碎菜、肉沫、包子、饺子。辅食一定要讲究营养、味美，让宝宝爱吃。

➢ 因人而异，注意观察，灵活掌握

宝宝的个体差异较大，父母在给宝宝添加辅食后，要注意观察宝宝的消化情况，如果发现大便异常或其他不良反应，暂停这种辅食。还要根据宝宝的身体发育情况灵活添加辅食，如果宝宝患病或天气炎热，父母可以延缓增加新的辅食，避免宝宝消化不良。

➢ 丰富食物品种

给宝宝的食物，要注意变换花样，变换口味，以免宝宝养成偏食、挑食的不良习惯。还要注意不要给宝宝吃过甜或过咸的食物，过甜会增加宝宝龋齿的机会，过咸则会增加宝宝的肾脏负担。

宝宝的食物要单独制作，最好现做现吃，特别是菜汁、果汁。要保证原料新鲜，器具也要经常清洗消毒，保持清洁卫生。

07 妈妈逗我玩

案例故事

萱萱4个月了，自从她白天不是光睡觉之后，每天妈妈几乎都要跟她一起做操、玩游戏。有时，萱萱躺在小摇床上，有时，妈妈让她坐在自己腿上，做操之后，妈妈就随意改变一些动作，逗萱萱玩耍。此时，妈妈拿着会发声的小兔子正在逗她玩。妈妈把小兔子先放在她的身后，然后放在她的侧面，摇一摇，说："萱萱，你找找小兔子在哪里？"萱萱听到这种声音，就会非常高兴地转向发出声音的方向。妈妈就势把小兔子拿出来，萱萱手舞足蹈。妈妈夸奖说："找到了！我的萱萱真聪明！"然后妈妈拿着小兔子在她的眼前一晃，说："小兔子又跳走了，你再找一找她跳到哪里了？"萱萱找到后，又是一阵高兴。

妈妈还常常把她放在床上，让她的手放在身体两侧，边抚摸她边逗她玩。"长个啦，长个啦！"有时，又像擀面条那样滚动她的手臂，说："妈妈擀面条啦！"萱萱高兴得不得了。

宝宝为什么会这样

宝宝动作发展和智力发展的需要

宝宝随着月龄的增长，醒来的时间越来越长，身体也更加强壮，他们有了足够的精力去挥舞小手、踢腿、活动身体。但七八个月前，宝宝还不会独立移动自己的身体，是个“被动”的小东西，父母要以逗宝宝玩为主，给予宝宝丰富的、适度的刺激。对宝宝来说，玩的意义远远不只是“有趣”，宝宝通过玩耍可以学会很多，玩耍可以促使宝宝使用身体的各个部位和感官，丰富想象力，开发智能。

➢ 宝宝有了足够的情绪表达能力

随着宝宝的发展，他们不只用哭闹来表达自己的心情。这时候，用宝宝最喜欢的小东西逗逗他，说一些有趣的话，是宝宝非常喜欢的活动。虽然有时候他还不能全部听懂，但是他可以通过妈妈的关注、神态、声音、抚摸和交流变得快乐起来。总之，快乐的经历有助于宝宝形成活泼开朗的性格。

➢ 宝宝喜欢妈妈这种互动的玩耍方式

零岁是宝宝感觉机能和运动机能形成的时期，此时父母可采取给予宝宝身心满足感的接触方式，如舒适的皮肤接触、适当的刺激等，使宝宝身心安定，保持健康快乐的状态。互动的玩耍方式往往使人思维变得积极活跃，妈妈跟宝宝的互动，也会使宝宝做出积极的回应。这种互动比给宝宝一样小玩具要好得多，因为宝宝更喜欢妈妈鲜活的表情和动作，而且在活动中，发展了宝宝的动作能力和与妈妈沟通的能力。因此，千万别低估了逗宝宝玩的教育意义，更不要以忙为借口逃避和宝宝一起玩耍。

父母应该怎样对待

有趣味地扮演小动物

妈妈拿出宝宝喜欢的小动物玩具，用小动物的口吻跟宝宝说话，宝宝会表现出极大的兴趣。如拿着小狗玩具，就可以唱小狗的歌曲，说小狗的儿歌，让宝宝用手摸摸小狗、用脚踢踢小狗，让小狗在宝宝的身上爬一爬，这样，宝宝就会感觉小狗好像真在说话，他会非常高兴。或者让宝宝拿着小动物，摇动它，妈妈说："这次让宝宝做小狗，给妈妈说儿歌。"然后妈妈再说儿歌、唱歌，宝宝的动作也会给他自己带来无尽的快乐。经常和宝宝逗玩、说话，引导宝宝学语，并躲在不同的地方叫宝宝的名字，以锻炼宝宝的转头转身，等等。妈妈要注意用不同的语气、不同的声调对宝宝说话，逗宝宝玩耍。

帮助宝宝做一些有趣的动作

妈妈除了可以让宝宝做一些模仿操和被动操，还可以随意地改变一些动作，继续让宝宝愉快地活动，逗宝宝玩耍。如腿部运动是脚心相对，然后两腿伸直，妈妈就可以改一下动作，让宝宝的脚心顶着大腿，然后按摩大腿。宝宝看着妈妈高兴的神情，体验着有趣、痒痒的"按摩"，会咯咯地笑个不停。

玩一些简单有趣的小游戏

妈妈可以和宝宝做"躲猫猫"的游戏，即妈妈用布蒙住脸，在宝宝疑惑的时候妈妈把布拿开，向宝宝逗乐说"喵，喵"。宝

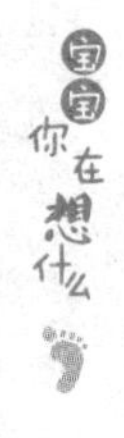

宝看见“不见了”的妈妈再现，会非常高兴。在日常生活中父母可以自己创造一些简单的小游戏，原则就是对宝宝不会有伤害，可以逗宝宝开心。妈妈也要有很大的兴趣，笑呵呵地跟宝宝一起玩。如拿着小玩具跟宝宝捉迷藏，边藏小玩具，边跟宝宝进行有趣的互动，宝宝会非常喜欢。

➢ 不要过分逗弄宝宝

有的年轻父母常常抱着宝宝用力向上抛扔，这种过分逗弄宝宝的做法对宝宝的身心发展很不利。从宝宝的发育看，大脑发育较早，所以头部比较重，但颈部肌肉却松软无力，抛扔宝宝可能会使宝宝的脑部受到较强烈的震动，对其智力发展不利，甚至会使脑部受到伤害。

还有的父母只要宝宝醒着就逗他玩，时间久了，宝宝不善于自己嬉戏，一会儿也不肯自己玩。父母应该适当地和宝宝玩耍，并给宝宝自己玩耍和休息的时间。不过，当宝宝失去兴趣的时候，应该停止游戏，让他安静和休息。

08 我喜欢咬着玩

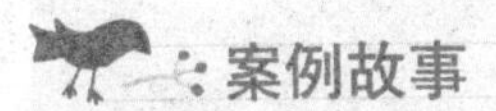

案例故事

6个月的丁丁躺在小床上，他双手抓起一个塑料玩具，不管三七二十一塞到嘴里就咬，还不停地转动玩具，用嘴咬，用舌头舔，而后又用手把玩具拿出来甩两下。玩具碰到别的东西，如床、沙发等，发出“梆梆”的声响，他又把玩具塞到嘴里咬几下，拿出来甩两下，不断地重复，直到手拿不动玩具掉落在地上才肯罢休。过了一会儿，他又拿到一种玩具，又会塞到嘴里去咬，拿出来敲、摇……

宝宝为什么会这样

➢ 嘴巴是宝宝感知外部物质的第一个感觉器官

几个月的宝宝都喜欢将手上拿的东西往嘴巴里塞，有时候还常常舔尝自己的小手、小脚。这是因为他要通过嘴巴来认识这个东西，进而用嘴唇和舌头来感觉这个东西的形状、大小、硬度等。8个月之前，嘴巴是宝宝感知这个物质世界的第一个感觉器官。

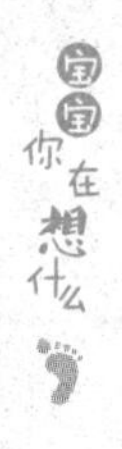

➢ 这是宝宝最重要的玩耍方式

宝宝天性喜欢玩和游戏。1 岁之前的宝宝拿到一件玩具后，就会用嘴巴和双手去认识它，用嘴巴和双手认识物体是宝宝最主要的玩耍行为，可以说是宝宝的一种生命需求。

宝宝 4 ~ 12 个月，先后会出现 3 种探索方式：第一种是品尝，即“口部感物”；第二种是使用，即“手部感物”；第三种是观察，即“眼部感物”。

宝宝用手甩东西，将东西在床上擦来擦去，或者把两件东西互相敲打，这是宝宝用手来了解物体的方式。通过将手中之物互相敲打或扔出去，宝宝就知道了每一种东西的重量是不一样的，发出的声音也是不一样的，等等。这就是宝宝的“手部感物”。宝宝 1 岁半之后还会用这个方法，但这已不再是最主要的玩耍行为了。

“眼部感物”就是宝宝拿着东西在手中进行好长时间的观察，在手里颠来倒去，而且会非常小心地用小手去摸它们。

父母应该怎样对待

➢ 要注意宝宝身边的任何东西

宝宝非常乐于摆弄一切到手的东西，在摆弄中感知物体的大小、形状、软硬、轻重、光滑程度等各种属性。

➢ 要为宝宝提供材料

给宝宝提供很多材料让他摆弄。大人要为宝宝创造摆弄物体的条件。从6个月到1岁，给宝宝提供的玩具要逐渐增加复杂程度。

➢ 让宝宝有很多机会观察大人用手

第一年的最后几个月，是宝宝越来越愿意模仿，也是最善于模仿的时期。大人可以因势利导，用动作教他拧下盖子、用线穿小圆圈、推玩具车或泼水等，经过模仿、理解、实践，宝宝的双手会越来越灵活。

➢ 没必要纠正宝宝的用手习惯

人一般习惯于用右手操作，但也有宝宝用左手活动，并逐渐成为习惯。如果发现宝宝使用左手，没有必要纠正，因为习惯用左手并不影响宝宝的智力发育。理想的是发展宝宝左右双手的活动，从而促进大脑两半球的充分发展。

➢ 注意安全

父母要注意，在宝宝活动范围内的物体应是安全、易清洗、不会碎、无毒的。宝宝不能将整个东西吞进嘴里，以免阻塞呼吸道。

02 我喜欢和妈妈“聊天”

案例故事

自从牛牛出生，妈妈每天都跟他有说不完的话，说话时也总是注视着他的眼睛，做什么事情时，妈妈都要用语言告诉牛牛，比如“你尿湿了，没关系的，换块尿布，就舒服了”，“牛牛，饿了吧，来，妈妈抱你吃奶”……牛牛7个月了，今天，牛牛吃完奶，冲着妈妈“哼”了一声，妈妈学着他也“哼”了一声，他又发出一声“哎——”，妈妈又模仿他，继而他又变化了音调发出“啊——”，牛牛看妈妈学他，更加高兴。于是说个不停，一会儿大声，一会儿轻声，一会儿短音，一会儿长音。

宝宝为什么会这样

➢ 用发声表达愉快情绪

宝宝满月后，开始发出不同的音节。百天后，能够像唱歌一样发出一些音节，并出现了辅音。如果高兴，宝宝在第一、第二个月就会用充满特征的喊叫音来表达他的喜悦之情，慢慢地，就会用兴奋的发音来替代喊叫。

这一时期的宝宝不仅喜欢与别人“聊天”，而且经常自言自语。例如，清晨醒来时，喝完奶后，他都会躺在小床上，一边玩耍，一边咿咿呀呀地说个不停。

➢ 用发声引起父母的注意

如果爸爸妈妈重复宝宝的发音，宝宝会高兴得不得了。有时，宝宝也会模仿他们的发音。百天时，宝宝会像“聊天”那样咿咿呀呀地问候妈妈。他会试图用“聊天”的方式引起爸爸妈妈的注意。如果宝宝的声音得到了父母积极的反馈，宝宝会更加兴奋，从而刺激宝宝发出更多的声音。

➢ 发展语言能力的需要

宝宝的语言是在模仿成人的语言中产生的，为了尽快开发宝宝的语言能力，成人在与他接触时应尽可能给予其语言刺激。当宝宝更大一些的时候，他更加喜欢妈妈和他说话，告诉他这是什么，那是什么。父母要把宝宝当成会说话的人，不要以为宝宝听不懂，就不跟他说话。说多了，他自然会理解的，他只是不能用成人的语言表达出来，但可以用别的方式来表达，如眼神、微笑、动作等。这一时期宝宝会大量储存信息，一旦会说话了，这些信息就会像泉水一样，源源不断地喷涌出来。

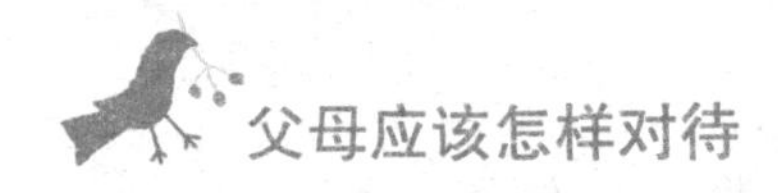

父母应该怎样对待

➢ 父母要尽量多跟宝宝说话

妈妈无论给宝宝做什么事，如给宝宝喂奶、换尿布、洗澡、做操的时候，都要抓住一切时机，以温柔而亲切的声音、富于变化的语调，对宝宝说“悄悄话”。例如，当宝宝饥饿而啼哭时，妈妈要将宝宝抱在怀里，用温和、亲切的语调哄他。在喂奶时，轻轻地呼唤着宝宝的名字，反复地说：“宝宝饿了，妈妈给宝宝喂奶来了。”

但要注意，这一时期宝宝集中注意力的时间还很短，父母要认真观察宝宝，如果宝宝感到疲倦了，就让宝宝好好休息。

➢ 多给宝宝做出解释

凡是宝宝看到的、感知到的东西，父母都要解释给宝宝听，让宝宝的眼中没有盲点。当宝宝脖子有力的时候，可以适当托着他的脖子，竖直抱着他，这样可以大大扩展他的眼界。当宝宝注视一种东西时，妈妈就告诉他这是什么东西，为他的主动探究创造条件。妈妈在帮助宝宝干这干那时，用言语来提示他所做的动作或事件。例如，宝宝进食时，可以把食物名称和有关动作告诉宝宝，像“把口张开”、“来喝牛奶”等。

通过这种重复和强化，宝宝也就慢慢知道了任何物品都是有名称的，这有助于宝宝建立符号意识。同时，这些具体直观的形象也被宝宝作为一种信息储存在头脑中，为今后的智力发展奠定了良好的基础。

➢ 父母的语言要适合宝宝

与宝宝说话的时候要注意夸大口形，提高音量，放慢速度，拖长发音，并经常重复所说的话。这样才可以适应宝宝非常有限的语言接受能力。并且，在和宝宝交流的时候，父母的眼神、面部表情以及行为举止也应该遵循放慢、夸大、重复的原则。

➢ 认真倾听，给予相应的反馈

当宝宝对着父母咿呀说“话”的时候，父母要看着宝宝，认真倾听宝宝说“话”。如果宝宝无意中出现了一个元音，如“啊”、“噢”、“咿”等，都应加以赞扬。

父母还可以模仿宝宝的发声，像案例中的妈妈一样，仿佛在跟宝宝玩一种语言的游戏；或猜测宝宝在说什么，如“宝贝，是不是要告诉妈妈，你舒服呀……”等。

妈妈甚至可以对宝宝的哭声做出回应。当宝宝啼哭时，妈妈发出与宝宝哭声相同的叫声，这时，宝宝可能会试着再发声。宝宝会十分喜欢这个游戏，渐渐地学会了叫而不是哭。这种互动对宝宝的发声尝试是非常有益的。

10 让我到处爬吧

案例故事

7个月的明明试图用手、脚和膝盖挪动自己的身体。妈妈认为，宝宝应该学走路，不必爬来爬去，在地上爬太脏，在床上爬又太危险。并且，怕他从床上摔下来受伤，就把他固定在床的中间，不让他随便乱动，这样妈妈就能很安心地收拾家务了。可怜的明明只能看着同龄的宝宝快乐地爬来爬去。

晴晴会爬了，妈妈为了防止晴晴从床上摔下来，就在地上铺了40块塑料拼图当垫子，晴晴可以在上面任意地爬来爬去。她时而停下来抠一抠拼图，摆弄一番，时而玩垫子上的玩具，每天都玩得非常开心，晚上睡觉也格外香甜。

宝宝为什么会这样

➢ 爬行是宝宝成长中的一个重要阶段

大多数宝宝都是在6～9个月开始爬行。爬行是宝宝全身独立活动的最早形式，可以扩大宝宝的认知范围，增强宝宝的感知能力，促进其心理发展。

有的心理学家认为，一个人的成长复演了人类进化的各个阶段，从水中到陆地，从爬行到直立行走，每一个阶段都是必经的。不要像案例中明明的妈妈那样，不让宝宝随便爬行而改变生命自然的进程。

➢ 爬行有助于协调宝宝的动作

宝宝七八个月时，会试图用手、脚和膝盖挪动自己的身体，开始匍匐前进：最初是贴着肚子向前爬，只能用手和胳膊肘；慢慢地开始用双腿了，四肢的运动越来越协调；最后他们能用手和脚交替着向前爬行了。

在宝宝的爬行中，他需要昂着头，挺着胸，抬着腰。上、下肢要支撑身体，保持动作协调、平稳。这样可以锻炼宝宝胸、腹、腰和上下肢各组肌群，使肌肉结实丰满，并为日后宝宝的站立和行走创造了良好的基础。

爬行能促进宝宝眼、手、脚的协调运动，从而促进其大脑的发育。有的研究人员通过对已学会爬和没学会爬的同龄宝宝对比观察发现，会爬的宝宝动作灵活、敏捷，情绪愉快，求知欲强，充满活力；而爬得少或不会爬的宝宝，由于接触新鲜事物少，往往显得较为呆板、迟钝，动作也缓慢些，且易烦躁。

➢ 爬行能扩大宝宝的活动范围

爬行是宝宝更主动的探索，宝宝可以克服“距离”的障碍，去接近他感兴趣的人和事物，为宝宝扩大和深化对周围世界的认识及开发智力创造了条件。

宝宝因为爬行，活动范围扩大，不属于他的东西，如药瓶、电源等物品，他都可能拿到。而且，这一时期，他对周围所有的东西都充满了兴趣，想触摸所有的东西，拿到后便会往嘴里送，并观察它们。所以，宝宝爬行的时候，危险也就加大了，但不能因噎废食。

> 爬行能增加宝宝的食欲

对宝宝来说，爬行是一项较剧烈的活动，消耗能量较大。据测定，爬行要比坐着多消耗一倍的能量，比躺着多消耗两倍的能量，这样就有助于宝宝吃得多，睡得好，从而促进身体的生长发育。

父母应该怎样对待

> 为宝宝准备一个安全的爬行空间

父母要欣喜地迎接宝宝生长中新阶段的到来，为宝宝练习爬行提供一个安全的场所。在这个场所里，不放置小的、尖利的东西，以免宝宝放到嘴里或者扎伤。将所有可能使宝宝受伤的物品（如暖水瓶、药瓶、塑料袋等）收起来，在宝宝的小床周围的地上，放上一些柔软的垫子或软塑料拼垫。

> 鼓励宝宝爬行

父母需要给宝宝爬行提供鼓励、引导和支持。在宝宝练习爬行的过程中，父母要有足够的耐心，不要过于急躁，尤其要注意不要过早地让宝宝爬行。当宝宝尚未做好爬行的准备时，父母就在宝宝前方放置一个玩具诱导他向前爬，有可能让宝宝感到受挫。

➢ 教宝宝爬行

当宝宝 7 ~ 8 个月时，每天都应该做爬行的练习。宝宝不会爬行，父母可以助宝宝一臂之力。当宝宝俯卧时，父母可将他最喜欢的玩具摆放在前面，以吸引他向前爬过去抓取。当他撑起身体跃跃欲试时，父母就势用手掌顶住他的脚掌，帮助他用脚蹬着成人的手向前爬行，可以多次这样练习。

➢ 与宝宝玩爬行游戏

父母可以和宝宝共同玩一些爬行的游戏，增加宝宝对爬行的兴趣和情趣。如父母拿一个颜色鲜艳的小球，往宝宝的前方滚动，吸引宝宝自己通过爬行拿到球；或者父母可以在宝宝身边一同爬行，当他拿到球后，和他一起玩球、滚球，不仅锻炼了宝宝的动作，而且家庭气氛非常和谐。

11 妈妈，我爱听你说话

案例故事

妈妈抱着7个月的宝宝到户外，指着迎春花对宝宝和蔼地说道："宝宝，你知道这是什么花吗？"宝宝看看妈妈，又看看一朵朵漂亮的黄花。然后妈妈说："这是美丽的迎春花。你看，它多像小喇叭呀，它告诉你，嘀嘀嗒，嘀嘀嗒，春天来到啦……"宝宝也咿咿呀呀地说个不停。看完迎春花，妈妈又带着宝宝看柳树、桃花、小草。妈妈每看到一样东西，都要跟不会说话的宝宝说上好半天，宝宝不哭也不闹，总是认真地看看妈妈，又看看妈妈指的那些东西。还不时地咿呀回应妈妈。看得出来，宝宝喜欢这样，喜欢妈妈告诉他外面的东西，也渐渐地知道了每一样东西都有自己的名字。

宝宝为什么会这样

➢ 宝宝对妈妈的声音感兴趣

宝宝刚刚出生，既不会走路，又不会说话，只能在小小的婴儿床上度过无聊的时光。此时，妈妈成为了宝宝与外界之间的一座桥梁，妈妈的声音是他们唯一的慰藉。多年来，一些人认为，刚出生的宝宝懂什么，跟他们说话真是对牛弹琴，其实这种观点是错误的。有研究表明，宝宝刚降临人世时，就不仅能看、能听，而且天生对人的脸和声音感兴趣。

➢ 宝宝从妈妈的声音中获得情感满足

宝宝不会说话，不等于听不懂说话。宝宝从生下来起，就喜欢听妈妈说话，从妈妈温和的声音和委婉的语调中，得到安全和信任。有研究表明，当妈妈用慈爱的眼神凝视婴儿时，他会感到宁静；他如果长时间得不到妈妈的关注，就会表现出焦躁不安的情绪。

妈妈经常对着宝宝说话，宝宝有机会同妈妈进行目光对视、表情交流，有机会多看亲人的脸和所喜爱的东西，宝宝会感到温馨与美好，从而极大地增进母子亲情。

➢ 妈妈的言语刺激了宝宝的认知发展

大自然中的事物对宝宝来说都是新鲜的，他会感到强烈的好奇。妈妈随时随地跟宝宝交谈，宝宝的脑海里就不再是一片空白，外界的事物在妈妈温柔的话语声中引起了宝宝的注意，培养了宝宝的注意力。

不仅如此，在宝宝多次感知某种物体或动作时，妈妈在一旁告诉他关于这一物体或动作的词，就在这一物体或动作的形象和词的发音之间，建立起暂时联系。以后宝宝只要再听到这个词的发音就能引起相应的反应。

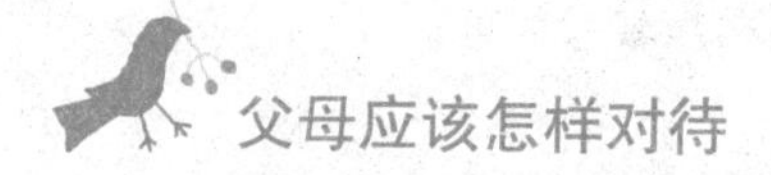

父母应该怎样对待

不要怕重复

宝宝每天的生活几乎都是在重复，妈妈每天几乎都做着重复的事情，宝宝的学习也是简单的重复。所以父母今天说的话，明天还可以说，没有必要天天变着花样去说。当孩子睡觉时，妈妈就可以唱摇篮曲；当他醒着时，妈妈就跟他玩有趣的游戏。这样，宝宝一天的活动既有规律，又充满了丰富、愉快的刺激。在愉快温馨的环境中，快乐地度过每一天，宝宝也由此对妈妈产生更多的信赖。

如果方便的话，可以把妈妈说的话和宝宝的咿呀声录制下来，让宝宝玩的时候听一听，可以进一步激发宝宝说话的兴趣。

给以丰富的人声、人语刺激

在与宝宝交流的过程中，可以把成年人司空见惯的、隐含的东西都用具体形象的语言描述出来。还可编一些顺口溜。如看到小兔，可以说："一只可爱的小兔，长耳朵，红眼睛，三瓣嘴……"看到花卉，不仅要介绍花的名称，还要跟宝宝一起观察，并告诉他花的颜色、形状等。顺口说一些短小的儿歌，如"迎春花，开黄花，朵朵像个小喇叭"。成年人的语言中包含很多逻辑思维，孩子也会慢慢学到。

值得注意的是，有的妈妈因为没有时间跟宝宝玩，为了防止宝宝哭闹，在宝宝的枕头边，始终放着一个小收音机。宝宝醒来，妈妈给他换了尿布，让他吃了东西后，就打开收音机让宝宝听，然后自己就去干活。这种做法似乎省事又省力，但是不太可取。妈妈与宝宝的临场互动是任何东西都无法替代的。和任何一种声音相比，宝宝最感兴趣的声音是人的声音，它像磁铁一样吸引着宝宝。妈妈跟宝宝说话、唱歌，宝宝不仅能听到妈妈的声音，还能看到妈妈丰富的表情和动作，更能刺激宝宝的发展。

➢ 采用自问自答的方式

宝宝不会说话，可以采用自问自答的方式，并且每次跟他说话时都用眼睛看着他。例如，吃奶时，可以说："宝贝，你饿了吧，妈妈抱你吃奶了。"换尿布时，可以说："宝贝，你尿了，没关系，妈妈给你换一块干净的尿布，你就会舒服的。"做被动操时，可以说："宝贝要做操了，活动一下手臂，踢踢腿。"……无论做什么事情，都用柔和亲切的声音、富于变化的语调和宝宝说话。

12 扔玩具真好玩

萱萱10个月了，坐在学步车里津津有味地玩着眼前的玩具。不过，她玩一会儿就会丢掉一样玩具。不一会儿工夫，面前的玩具都被扔完了。玩具扔完了够不着的时候，她就会大叫。妈妈又把玩具给她捡过来，她又开始重复上述动作。妈妈有些不耐烦了："萱萱，你怎么总是扔玩具呀？再扔妈妈不给你捡了。"可是，萱萱仍然高兴地玩，然后高兴地扔掉。妈妈觉得很奇怪，萱萱前几个月还总是抓住玩具不放，现在怎么爱扔玩具了呢？

宝宝为什么会这样

➢ 宝宝手眼协调发展的一种表现

宝宝长到了一定月龄，脑、肌肉、手眼协调都有很大发展。通过扔东西，宝宝可以进一步发展手眼协调能力，促进视觉、听觉、触觉的发展和上肢肌肉的生长。而且，手的动作对脑神经形成刺激，从而促进大脑的发育。

➢ 宝宝探究事物的一种需要

扔东西不是宝宝故意搞破坏，也不是成心要让妈妈生气，而是宝宝自己发明的一种游戏，他是在用手了解外界物体。通过不断地玩耍手中的东西，然后扔出去，他逐渐感知到，每一种东西的重量是不一样的，发出的声音也是不一样的。而且，宝宝将东西扔出去，他会用眼睛跟踪东西滚落的情况。通过诸如此类的动作，宝宝开始对因果关系感兴趣，明白自己的动作对周围物体所产生的影响，试图在一定程度上实现这种影响。

有时，东西滚落到一个无法预知的地方，宝宝会觉得非常有趣。如果父母又将它捡回放在他手里，他慢慢地认识到，刚才的东西虽然不见了，但是它还存在，只不过换了个位置。这有助于发展宝宝的“客体永久性”认识。通俗地讲，当外在物体不在宝宝眼前时，他认为物体仍然存在。“客体永久性”认识是宝宝深入探究周围世界的前提条件。这种貌似深奥的“物质不灭”的道理，不是父母直接告知的，需要宝宝自己从玩耍之中体会。

➢ 宝宝主动性发展的一种体现

宝宝从紧抓玩具不放到不停地丢掉玩具，这表明，宝宝由被动探究发展到了主动探究周围世界。这是宝宝认知发展的一个极大进步，不仅可以促进宝宝对事物之间关系的认识、概括，还可以促进宝宝的自我意识的萌芽，有助于宝宝认识自我与外物之间的关系。

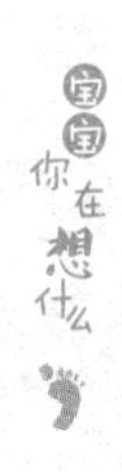

父母应该怎样对待

➢ 精心挑选适当的物件

父母需要精心挑选玩具，将它们放在床上、地板上、宝宝的学步车上以及餐桌椅上，让宝宝自由尽情地玩耍。这些玩具，一要不易损坏，可选毛绒玩具、橡胶玩具、塑料玩具等；二要安全，如没有棱角、尖角，用料安全无毒；三要比较大，不能被宝宝整个吞进嘴里。

父母要注意，宝宝吃饭后，就要把餐桌上的饭碗、食物拿走，不能让宝宝养成扔食物的习惯。

父母还要注意将家中的贵重物品收好。宝宝可不管东西是否贵重，只要能拿到就扔。贵重物品要是真被摔坏了，可是一种损失。父母最好将它们放在宝宝不易够到的地方。

➢ 父母参与宝宝的游戏

父母也可以和宝宝隔开一点距离，面对面地坐着，将一些玩具交给他，让他尽情地扔过来，直到他将面前的玩具都扔完。如果宝宝还想扔，将所有玩具捡回来，让宝宝再扔，还可以引导宝宝看看玩具滚到哪里去了，听听发出了什么声音。如此循环反复，玩一段时间后就结束。这样不仅锻炼了宝宝的能力，还促进了亲子关系的发展。

➢ 父母可以引导宝宝自己捡玩具

有时候，父母没有时间为宝宝反复捡玩具，可以用毛线或皮筋儿将玩具拴在宝宝的床头。宝宝把玩具扔出去后，妈妈指导他把玩具拉回来。这样，宝宝就不会因为够不着玩具而大哭了，同时也省去了捡东西的烦恼。不过，要注意，所拴的绳子不要太长，以免绕到宝宝的脖子上造成危险。

13 给我读书吧

11个月的文文非常爱“看”书，她经常把书拿到手里，不停地翻来翻去，而且她常常会翻看同一本书，边看边“呲呲”地说着。有时把书翻到某一页，拿过来让妈妈给她讲。如果别人把她手中的书拿走，她会非常不高兴，还要把书再拿过来翻看，一直到自己翻累了为止。文文为什么如此爱“看”书呢？

原来，妈妈在她刚刚出生不久就开始给她读书了。这天，妈妈又把她抱在自己的腿上，跟她一起看故事书。文文喜欢小狗，妈妈特意给她买来了小狗的图书，其中有小狗吃奶，小狗看门，小狗狩猎，小狗演出。妈妈一页一页地讲给文文听，讲得很有趣，一会儿讲一个关于小狗的笑话，一会儿唱一首关于小狗的儿歌，一会儿又让宝宝和她一起学小狗叫。文文听得聚精会神，一动也不动，妈妈讲完一遍，文文仍然不肯离去，妈妈只好又给文文讲了两遍。

宝宝为什么会这样

读书是一种乐趣

书中有很多精美的图案，有宝宝在日常生活中看到的动植物以及他感兴趣的东西，他可以从中获得一种乐趣。

家庭氛围的影响

父母经常在家阅读，并且常常给宝宝读书。宝宝自己拿图书玩耍、翻看，也会对书产生浓厚的兴趣。

专家认为，0～3岁是培养宝宝的阅读兴趣和学习习惯的关键阶段，3～6岁则侧重于提高孩子的阅读能力和学习能力，所以应该让宝宝早早接触图书。

父母应该怎样对待

给宝宝朗读越早越好

从几个月乃至刚出生就可以开始给宝宝朗读。专家指出，培养宝宝良好能力的重要途径就是为宝宝朗读，这一阶段朗读的目的并非让宝宝听懂所读的内容，而是让宝宝熟悉父母的声音，熟悉书，抚摸书，对书产生兴趣，自然形成阅读的习惯。

给宝宝阅读时父母要保持读书的兴趣

在阅读时，父母的手要指着画面，发音要缓慢清晰，并把自己对作品的理解和情感体现在声调中，帮助宝宝理解其含义，引起宝宝的兴趣，从而调动起宝宝的视觉、听觉等多种感觉，让宝宝体验读书的乐趣，扩大宝宝的知识面。

加强亲子之间的关系

给宝宝读书时，如果宝宝还不会坐着，可以让宝宝躺在床上，等宝宝会坐了，还可以把宝宝放在自己的腿上，这样不仅

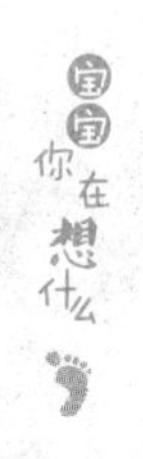

有助于宝宝形成积极的阅读态度，还能使宝宝感觉到温馨和谐的气氛，为父母和宝宝建立良好的关系奠定基础。

➢ 读书切忌平淡

给宝宝朗读是一种艺术。有的父母在给宝宝读书的时候，常常用非常平淡的声音和表情，宝宝不愿意听，父母就认为是宝宝的原因，其实是父母不当的朗读方式不能吸引宝宝的注意力。

➢ 选择适合宝宝的图书

给宝宝选择一些印刷精美、画面大、色彩艳丽、形象逼真，并且不易撕坏的图书，短小的童话故事、简单易学的儿歌有利于丰富宝宝的词汇，以动物形象为主的童话更容易引起宝宝的兴趣。

➢ 营造读书的氛围

父母常常读书、读报，宝宝置身于这种氛围中，也会产生读书的兴趣，自然形成阅读的习惯。

14 妈妈，我不想断奶

案例故事

可可10个月了，妈妈从她4个月的时候开始逐渐添加辅食，她吃饭非常好，身体也很壮。现在是秋天，妈妈准备给她断奶了。晚上，可可吃了最后一顿奶。饱餐一顿后，她睡着了。半夜醒来，她拉着妈妈的衣服要吃奶，找不到就大哭起来。妈妈赶快抱起她，说："可可，你的'小妹妹'（可可最喜欢的娃娃）呢？"她一下停止了哭声，寻找起"小妹妹"。看到后指着说："哒哒！"妈妈赶快说："'小妹妹'多乖呀，不哭也不闹，可可也乖是吧？……"妈妈和蔼地跟可可说着话，可可也就忘记了吃奶的事情，继而妈妈给她唱了一首摇篮曲，她很快睡着了。

第二天半夜时分，可可醒来未吃到奶又是大哭。她用手抠着妈妈衣服的扣子，妈妈立刻转移她的注意力，说："噢，这是扣子，可可在看妈妈的扣子呢？"她止住了哭，脸上带着眼泪，说道："哒哒。"意思是"扣子"。后来，她在妈妈的歌声中睡着了。第三天夜晚，她睡得非常安稳。可可就这样很轻松地断奶了。

明明11个月了，不好好吃辅食，总是惦记着妈妈越来越少的奶水。妈妈决定给明明断奶，但尝试了几次，都因为不忍心明明哭闹而以失败告终。后来，朋友建议她出去待几天，宝宝看不到她，也就忘记吃奶了。妈妈一狠心出去躲了几天，明明吃不到奶，又看不到妈妈，闹得非常凶。爷爷奶奶和爸爸轮流逗着明明。妈妈一直坚持到第三天明明开始吃辅食才回家。

亮亮的妈妈给宝宝断奶的时候，在奶头上涂上了苦的黄连水；菲菲的妈妈为了让女儿断奶，把奶头涂成了黑色……

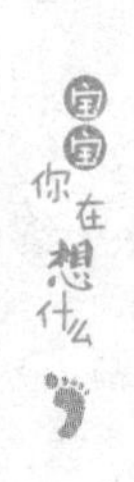

宝宝为什么会这样

➢ 宝宝喜欢固定的生活秩序

从出生开始，吃母乳成了宝宝的一种稳定的生活方式。宝宝习惯了熟悉的环境和妈妈每天照顾他的固定的生活秩序。一旦断奶，宝宝的生活秩序被打乱，他仿佛失去了所有的依靠与保护，因而感到紧张、害怕和不安。

➢ 宝宝的饮食习惯被打乱了

母乳是宝宝从出生开始的主食，宝宝习惯了这种主食，突然更换主食，宝宝感到明显不适。而且，宝宝对新的食物充满疑惑、焦虑和不安。

➢ 妈妈未做好添加辅食等准备工作

在宝宝断奶之前，应当做好必要的准备工作，帮助宝宝逐渐适应断奶。例如，逐渐添加辅食，让宝宝逐渐喜欢用奶瓶喝奶，用小碗、小勺吃东西。如果没有做好这些准备工作就给宝宝断奶，宝宝会非常难受。

➢ 妈妈缺少必备的心理准备

妈妈给宝宝断奶，要有耐心和决心，不要宝宝一哭闹，就重新给宝宝喂奶。这样反而容易使宝宝更加烦躁、不安，令宝宝哭闹加剧。

耐心对待

父母应该确保断奶不会给宝宝下一阶段的发展带来负面影响。因为断奶表面上是一件小事，实际上是非常重要的。断奶应尽可能让宝宝不感觉痛苦，不应该强迫宝宝突然停止母乳。即使父母感到宝宝需要尽快完成断奶的过程，也应该非常谨慎。

逐步增加辅食，减少喂奶次数

辅食吃得多了，对奶的需求自然就降低了，可以从第十个月开始，每天先给宝宝减掉一顿奶，循序渐进，切忌操之过急。

当然，不能在断奶后断掉一切乳品。断奶后的宝宝依然处于生长发育的旺盛阶段，牛奶和奶制品仍然是宝宝汲取蛋白质、钙和磷酸盐的重要食品。

转移宝宝的注意力

当宝宝要喝母乳时，一句宝宝感兴趣的话就可能转移宝宝的注意力，正如案例中可可的妈妈那样。妈妈还可以问宝宝："你的洋娃娃呢?"然后谈论起洋娃娃的话题，或跟宝宝玩一个他喜欢的游戏，这样，宝宝就会很快忘记他要喝奶的事情。

循序渐进，用奶瓶及其他物品替代

可以将母乳挤出保存到奶瓶里，到了宝宝喝奶的时间，由爸爸或宝宝熟悉的其他人给他喂奶。喂奶的时候，要注意跟宝

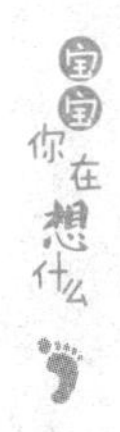

宝和蔼地交流；有足够的耐心，让宝宝喜欢奶瓶；然后慢慢过渡到用漂亮的碗、杯子以及可爱的小勺子来喂宝宝食物，或让宝宝和大人一起进餐，因为宝宝的模仿欲望非常强烈，他会对这些可爱的东西产生很大的兴趣，继而忘记吃奶的事情。

➢ 选择最佳的季节断奶

最佳的断奶时间是比较舒适的季节，如春末或凉秋。因为这时生活方式和习惯的改变对宝宝的健康冲击较小：天气太热，宝宝本来就很难受，再加上宝宝因为断奶而大哭大闹，容易发生呕吐或腹泻；天气太冷，宝宝可能会睡眠不安，引起上呼吸道感染。

如果正好赶上宝宝生病、更换保姆等特殊情况，最好先不要给宝宝断奶。

15 我站起来了，鼓鼓掌吧

案例故事

小洁10个月了，近来，她总是喜欢扶着东西站立。如果爸爸妈妈帮助她，她会扳开他们的手，自己扶着东西站立。她反复练习，直到自己筋疲力尽，然后坐下来自己玩玩具。慢慢地，她能够站立一段时间，而且站得很稳。有时她还尝试先跪着，然后站起来，偶尔自己会站起来，挪动两步。爸爸妈妈看见后拍拍手，后来，小洁站起来，自己也拍拍手，高兴得不得了。

一天，11个月的毛毛扶着爷爷的腿站立起来，奶奶看到了，忙抱起毛毛，并对爷爷说："别让孩子这么早就站着，男孩的腿软，这么早就站着，以后容易成罗圈腿。最起码要等到1岁左右再让他练习站和走路。"后来，奶奶怕毛毛站起来，总是动不动就抱着他。毛毛在1岁3个月的时候才练习走路。

宝宝为什么会这样

宝宝运动能力的发育是不同的

一般情况下，宝宝9～15个月时，就会常常抓住椅子、妈妈爸爸的腿或者家具的支撑点站立起来。当他感觉很稳的时候，他就会试着脱离支撑点，如果他失去重心，出于自我保护的本

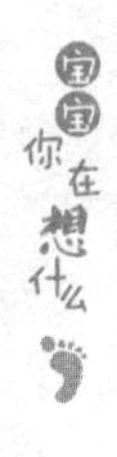

能，他就会马上去抓支撑点，或者一屁股坐下。

每一个宝宝运动能力的发育、动作的快慢及活动方式都是不同的。有的宝宝 10 个月能够站立，1 岁能够走路；有的宝宝要到 12 个月才能站立，1 岁 3 个月或更晚一些才会独立行走。这些都属于正常的现象。宝宝的运动欲望也是有差异的，有的对运动的兴趣大，有的兴趣小；有的宝宝精力很旺盛，特别喜欢动，有的宝宝则在一个地方停留很长时间。

➢ 走路本身对宝宝具有重要意义

刚开始，宝宝会非常专心地走路，他会不断地用各种方式来“试验”自己的新能力。当非常成功地走到地毯上、跨过门槛或者围着凳子转了几圈时，他感到非常快乐、自豪。此时，他练习走路是毫无目的的，只是想走路。

➢ 家长的态度影响着宝宝运动能力的发展

运动能力的发展本质上是一个自然的、成熟的过程，当宝宝有能力做某个动作时，如上例中小洁和毛毛自己扶着支撑物站立起来，说明他们已经具备了这方面的运动能力（根本没有必要担心宝宝得罗圈腿的问题）。但是由于家长所采取的方式不同，造成了两个宝宝的运动能力有较大差异。

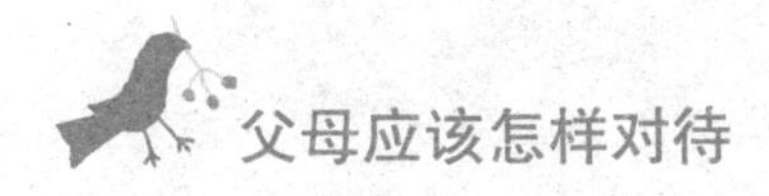

父母应该怎样对待

➢ 采取鼓励的态度

父母虽然不能决定宝宝何时站立，但是可以很好地帮助宝宝体验运动的成功与快乐。当宝宝有一天扶着东西站立的时候，父母要用鼓励的语言和积极的态度，让宝宝更有信心做这个动作，从而激发其练习这个动作的兴趣。

➢ 提供合适的场所

宝宝活动的环境影响宝宝运动能力的发育。当宝宝需要站立和行走的时候，父母可以经常让宝宝在儿童游戏场地、草地和树林里玩耍，这样他的动作自然就会越来越灵巧；相反，如果宝宝的活动空间局限于室内，那么他的动作灵活性就会较差。

➢ 不要急于求成或过多地限制宝宝

运动能力的发育主要是基于内部发展规律的一个成熟阶段。宝宝无论是10个月开始站立还是12个月才开始站立，基本上取决于宝宝运动能力发育的快慢。所以，父母不要看着别的宝宝能够站立和行走了，就急于求成，每天强迫宝宝练习；或者当宝宝有这方面的需求的时候，限制宝宝，不让宝宝站立或行走对宝宝的发展也是不利的。如楠楠和玥玥的家里都有一个楼梯通向楼上的卧室，楠楠的父母从不限制她爬上爬下，楠楠很快就大胆地在楼梯上爬上爬下，继而走上走下，但是玥玥的父母从不让玥玥爬楼梯，所以，尽管玥玥要比楠楠大一些，也不敢

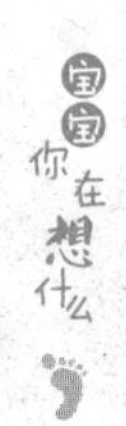

独自走屋里的楼梯。

➢ 正确看待宝宝的运动能力

运动能力的发育只是宝宝发育的一部分，不是宝宝发育的全部，尽管运动能力的发育在宝宝的早期发育中非常重要。如果宝宝在运动能力方面发育比较慢，父母便会担心宝宝的整个身心发育都会向后推迟。但专家指出，这种观点是站不住脚的，它并不适合大多数在运动能力方面发育慢的宝宝。

第一年的早期发育还包括语言、思维和社会行为等方面的发育，由于它们是在潜移默化中发展的，加上父母总是先注意宝宝在运动能力上的发展，所以它们往往会被忽视。

16 妈妈，你笑我就笑

案例故事

萱萱出生后，妈妈每天都要看着她，跟她唱歌、说话，小家伙也张着小嘴，好像在跟妈妈一起唱，妈妈唱完了，她也把小嘴闭上，好像唱完了歌似的。妈妈看到这个小家伙的反应，非常高兴。只要萱萱有精力玩，妈妈就会跟她说话、唱歌或玩一些游戏，萱萱也总是聚精会神地看着妈妈，尽管她还不会说话。后来，每当萱萱哭闹的时候，妈妈就会唱歌给她听，和她说话，她会很快转哭为笑。妈妈有时候还对萱萱说："萱萱，你想说什么，就告诉妈妈，妈妈会帮助你的。"萱萱就会不停地跟妈妈"呀—咿—"地说上几句，好像领会了妈妈的意思，听懂了妈妈说的每一句话。

一天，妈妈在10个月的萱萱旁边放了两个瓶子，一个是她玩过的，一个是没玩过的，她很快就爬到没玩过的瓶子那里，抓起瓶子摇。她是如何发现哪些东西是她没玩过的呢？细心的妈妈观察到这一点后感到非常惊讶。

笑笑的妈妈这一天有些难受，她对着女儿不免有些伤悲地说："哎哟，我们娘俩都需要照顾，没有人照顾真可怜呀！"笑笑注视着妈妈的眼睛，立即模仿妈妈的表情，感觉马上就要哭出来了……妈妈感到奇怪，她还不到两个月，就可以模仿大人的表情，以后肯定是一个聪明的宝宝，妈妈更加疼爱笑笑了。

宝宝为什么会这样

➢ 宝宝天生具有学习能力

随着各种运动技能的发展，宝宝获得了越来越多有效探究、控制环境的方式。不要小看宝宝，他们是很有本事的，生来就具有一些学习能力，在与环境打交道的过程中能够不断地增长知识和经验。

➢ 宝宝具有模仿能力

宝宝安静觉醒的时候，不但会注视你的脸，还会模仿你的脸部表情。像上例中笑笑和萱萱的行为，只是婴儿的正常模仿行为，宝宝能通过观察模仿学习，不教自会，只是有些妈妈不太注意罢了。

研究者发现，当成人和宝宝对视时，成人慢慢伸出舌头，宝宝也会跟着伸出舌头，成人张嘴，宝宝也会跟着张嘴，成人笑了，他也能表现出高兴的表情，成人伤心，他也同样能够模仿出来。模仿是宝宝的一种强有力的学习手段。通过模仿，宝宝能认识成人的行为，分享成人的情绪状态。

➢ 宝宝能够敏感地注意到周围事物的变化

萱萱为什么能够发现并拿起自己没有玩过的瓶子呢？这是宝宝的另一种学习能力的体现。宝宝不是被动地听从成人的摆布，而是很快地发现周围事物的变化，并对这些变化立即作出反应。宝宝在不断地习惯新的刺激，并把注意力转向更新的刺激，这就保证了宝宝不断地汲取环境中的新信息，从而丰富宝宝对环境的认识，提高宝宝的认知能力。

宝宝会使用一切可能的手段去影响和控制环境

细心的妈妈会发现，当宝宝哭的时候，爸爸总是喜欢把他抱起来安抚，宝宝很快发现了这一“奥妙”，以后只要爸爸不抱他，他就不住地啼哭。宝宝啼哭的时候，妈妈总是注视着宝宝，轻轻抚摸他，跟宝宝说话、唱歌，宝宝也会适应。

研究表明，一个在时间上和空间上有组织的环境，能使宝宝觉得周围发生的事件是可以预测的，这对宝宝的健康发展是至关重要的，反之，就会妨碍宝宝的发展。

父母应该怎样对待

从宝宝出生就开始实施教育

研究证明，从新生儿期开始早期教育，可以促进宝宝的智力发育。从出生到 2 岁是大脑快速生长时期，良好的刺激对促进宝宝大脑结构和功能的发育极为重要。所以，父母要从宝宝出生开始就对其进行早期教育。如当宝宝觉醒时，可以和他面对面地说话，宝宝注视你的脸后再慢慢移动你的头的位置，设法吸引宝宝的视线追随你移动的方向。

平时，常常跟宝宝说话，使宝宝既能看到你，又能听到你的声音。父母可以在宝宝出生前买一些育儿的书籍作为参考，仔细观察自己的宝宝，用适宜自己宝宝的方法施展教育。

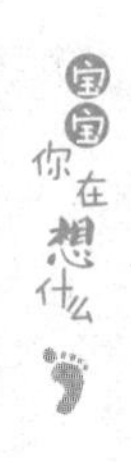

> 玩一些简单有趣的小游戏

在家中或室外，只要宝宝能看到的东西，或者宝宝感兴趣的事物，就要用手指给他看，同时告诉他名称，这样他就能够很快将物体与不断出现的关键词联系起来。

要试图理解宝宝的话。宝宝感到你在认真听他讲，他讲的话你能理解（有时要靠猜），这会激发他说话的积极性，他会乐于把“自己的话”向你倾诉。不要改正宝宝“自己的话”，关键是让他敢说，愿意说。

> 适当改变周围的环境

借助于宝宝能够敏感地发现周围变化这一学习能力，父母可以适当改变周围的环境，如有意识地添加东西，或者改变东西的颜色，吸引宝宝去观察学习，进一步促进宝宝智力的发展。

> 给宝宝恰当的爱抚

宝宝不但需要饮食营养，还需要智力刺激和爱抚。饮食营养是维持宝宝身体和脑的正常发育的基础，智力刺激是大脑的另一种食品，爱抚是培养宝宝良好性格的有益食品。要对宝宝抚摸、搂抱，并伴以柔声细语和微笑，这不仅给宝宝提供了触觉、动觉、视觉、听觉的综合刺激，有利于大脑的发育，更主要的是使宝宝情绪稳定，有安全感，逐渐建立起对父母亲的信任，为今后形成良好的性格奠定最初的基础。如果缺少爱抚，宝宝就会显得冷漠、无情，对人易产生敌对情绪，因此要非常重视爱抚对宝宝发展的价值。

让宝宝参与生活

宝宝最初几年非常重要的学习方式就是建立在模仿之上的。宝宝通过模仿学会诸如表情和手势等人际关系的表达方式，以及使用物品的方式。所以，让宝宝参加我们的活动，他就会通过自己的模仿学会很多行为方式，这也是最自然的促进宝宝的社会、语言和精神发育的方式。

宝宝摆脱了对母乳的依赖，开始以吃饭为主。宝宝站了起来，迈出人生的第一步，他可以“自由地”认识自己感兴趣的新奇事物。能够完成拾物、盖瓶等动作。会在不经意中开口说出爸爸妈妈说过的话，词汇量不断丰富。能够辨别一些颜色，对色彩鲜明的图画有着浓厚的兴趣，渴望认识自己，特别爱听爸爸妈妈讲故事。

1-2岁

01 我会走路了

案例故事

1 岁的宇宇一会儿走到爸爸那里，一会儿又走到妈妈那里，爸爸妈妈总是张开双臂迎接着可爱的宇宇，不停地叫着："宇宇，上妈妈这儿来。""宇宇，到爸爸这儿来。""宇宇，把你的娃娃拿过来给妈妈……"他们还不停地竖起大拇指夸奖宇宇："好样的！真棒！"宇宇乐此不疲，高兴地来回走着。到了户外，宇宇更是高兴，他一会儿学着爸爸的样子踢皮球，一会儿又随着音乐晃动身体跳舞，走起路来就像一只可爱的小企鹅，摇摇摆摆。但他却是走到哪里就探索到哪里。

宝宝为什么会这样

宝宝对走路充满兴趣

一般来说，宝宝在 10 个月至 1 岁 8 个月期间走路，都属于正常。学会走路，对宝宝来说是第二次出生。他从一个不能自助的人变成了一个积极主动的人。成功地迈出第一步，是宝宝正常发展的主要标志之一。

走路本身对宝宝就具有重要意义。他自己可以站起来，并能到达自己想去的地方。宝宝尝试走路的时候，兴致非常高，仿佛在受一种不可抑制的动力驱使。不管遇到什么困难，他都坚持向胜利冲刺。他能自得其乐地、专心致志地练习走路。

> 宝宝试图扩大活动范围来探究周围事物

1 岁的宝宝精力非常旺盛，有着强烈的好奇心，会比以前更主动地探索世界。但是不同的宝宝运动欲望是不同的，有的宝宝对运动的兴趣大，有的则要小一些。

> 宝宝需要通过逐渐减少支撑物而独自站立

刚开始，宝宝要想站稳，却没那么容易。他开始琢磨，如何才能在自由的空间中站稳。为了使自己站稳，他有时会手脚并用。为了保持平衡，他总是将屁股撅起，以便能够蹲下，以及俯下身体。

起初他们迈步，一定是在支撑物的帮助下进行的。支撑物可以是妈妈的手，也可以是学步车等。当宝宝刚刚能够离开支撑物站立的时候，家长切忌急于求成，让宝宝马上独立行走，而应该让宝宝继续在支撑物的帮助下练习。支撑物应当逐渐减少，以便宝宝慢慢独自站立。

父母应该怎样对待

> 选择平坦的路

宝宝开始学习走路的时候，容易磕磕绊绊。父母要选择

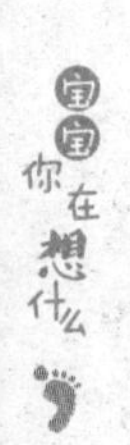

比较平坦的路，让宝宝练习走路。如果宝宝总是被绊倒，容易挫伤宝宝走路的积极性，使宝宝害怕走路，不愿意离开父母的手。

> **激发宝宝的兴趣，鼓励宝宝**

与宝宝玩一些游戏，让宝宝传递一些简单的玩具等物品，是宝宝非常高兴做的事情，在玩的过程中，他可以练习走路。

宝宝最初走路的时候，免不了跌跌撞撞，父母要经常给予鼓励，竖起大拇指或夸奖一声“宝宝真棒”，这都可以给宝宝以信心和力量。

> **用行动看护宝宝**

宝宝虽然有很好的行动能力，但还没有足够的自我控制能力，常会做出危险的动作。因为这一时期的宝宝理解语言的能力有限，所以，当宝宝做出危险举动的时候，用呵斥来阻止常常是无效的，必须采取实际行动，比如用手拦住他。

> **不要拽拉宝宝的胳膊**

父母在拉着宝宝走路的时候，如果宝宝不小心绊倒，父母可以就势让他摔倒，而不要使劲儿拽拉宝宝的胳膊，避免宝宝的关节脱臼。或者可以做一条两寸宽的环形带子，套在宝宝的身上，从后面拽住带子，帮助他行走。

➢ 宝宝摔倒后让他自己爬起来

当宝宝走路摔倒的时候，父母不必大惊小怪，又是抱又是亲。宝宝看着父母紧张失措的情绪，也往往会不知所措，反而大哭起来。所以最好的做法就是宝宝摔倒后让他自己爬起来，然后给予鼓励。

02 别吓唬我，我可当真

案例故事

中午 12 点半，妈妈就哄着琳琳上床了，给他讲故事、唱歌，折腾到快 1 点半了，妈妈的眼睛都睁不开了，可是 1 岁半的琳琳仍然睁着大眼睛，丝毫没有睡意。妈妈说道：“琳琳，快睡觉，你要是再不睡觉，就让外面那个巡逻的警察把你给抓走。”

奶奶吓唬 2 岁的兔兔说：“别闹了，再闹呀，大老虎就来把你叼走给咬死了。”

爸爸带亮亮去保健室打针，还没有轮到亮亮，他就开始哭，无论爸爸怎么哄，亮亮就是哭个没完，爸爸生气了，说道：“亮亮，你要是再闹，就让大夫给你多扎两针。”亮亮听后害怕了。

宝宝为什么会这样

宝宝开始对周围事物敏感

1 ～ 2 岁的宝宝开始对周围的世界敏感起来，如对外界突如其来的声音、陌生人等格外注意，但是对一些不愉快的事物还不能够防御，对一些声响也不能找出来源。这些刺激都有可能使宝宝感到害怕。

有时宝宝睡觉醒来，发现妈妈不在身边，就会产生害怕、恐惧的心理，于是缠着妈妈，片刻不离。所以，在宝宝睡觉的时候，妈妈最好不要走远，并在宝宝醒来之前到宝宝旁边等候。

➢ 宝宝对家长的严峻表情十分敏感

宝宝最初并不知道“警察”、“老虎”、“死”是什么意思，但是从父母严肃的表情上，他能模模糊糊地感觉到那一定是很可怕的东西。这容易使宝宝是非不明，真假不分，对某些事物产生错误的观念。吓唬容易使宝宝形成胆小懦弱的性格，使宝宝遭受精神损伤。

父母应该怎样对待

➢ 不要吓唬宝宝

家长对宝宝要正面引导，耐心地给他讲道理，例如，告诉宝宝为什么要打针，打针有点疼，但是很快就会过去……吓唬宝宝只能证明父母无能，这种方法虽然有效，却是一种最不明智的方法。

➢ 多方面分析宝宝行为的原因

家长要从多个角度分析宝宝存在的问题。例如，宝宝不睡午觉，家长就要找出根本原因，如是不是早上起得太晚了，活动量是不是不够，睡前是不是让宝宝过于兴奋了……然后对症下药，这样才能真正解决问题。家长可以制定有规律的作息时

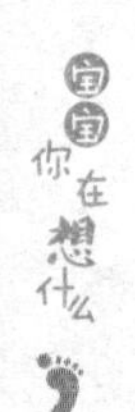

间，让宝宝有充足的活动量，睡前给宝宝安排一些安静的活动，如讲故事、说儿歌等。但是请注意，有的宝宝精力旺盛，睡眠不是很多，父母也不要强迫。

➢ 设法排解孩子的不良情绪

在遇到棘手的事情时，父母要善于使用正面语言，给宝宝解释事情的前因后果，并多鼓励宝宝，如“宝宝真棒！真勇敢”。

转移宝宝的注意力。如带宝宝打针的时候，可以拿一个他喜欢的小玩具，他害怕的时候，父母可以引导他玩自己的玩具。

家长还可让宝宝适当发泄情绪。有时，宝宝情绪不好，父母可允许他发泄、哭闹。要知道宝宝也有高兴、苦恼和烦躁的时候。

➢ 用正面的语言给宝宝讲道理

当宝宝哭闹的时候，父母可以在他的耳边悄悄地说话，利用自己的行为告诉宝宝不能大声喧哗，宝宝通常也就会安静下来。宝宝安静下来后，父母仍然采用低声调和他说话，告诉他为什么不能吵闹：“你一闹，妈妈的心都乱了，妈妈很想帮助你，但是不知道该怎么办。这样吧，你趴在妈妈的耳边悄悄告诉我，你要什么？”如果宝宝还不太会说话，父母可以说：“让妈妈猜猜看，如果妈妈猜对了，你就点点头，如果妈妈猜错了，你就摇摇头，好吗？”

➢ **父母要保持良好的心态**

父母不要过于紧张、不安，如说过激的言辞、情绪激动或表现出不耐烦的态度等，都会影响宝宝的情绪。反之，如果父母的情绪很好，态度积极乐观，宝宝也会安静。

03 请不要敷衍我

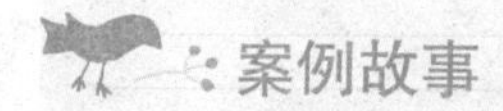

案例故事

妈妈每天都要给1岁3个月的欢欢讲故事。一天，又到了妈妈讲故事的时间了，欢欢拿着书坐在妈妈的腿上，可妈妈心情不太好，虽然努力克制自己的情绪，但是心情始终不能平静。

妈妈想敷衍过去，讲故事的速度比平常要快，也比平常讲得简单。妈妈打开书讲道："这是小兔子。"说完就准备翻开书的下一页。可是，欢欢就是不翻书，他一手拿着书，一手指着书上的小兔子"哒哒哒"地叫个不停。意思是说："你还没讲完呢？怎么就让我翻。"他让妈妈接着讲。

别看小家伙不会说话，但心里却非常明白，后来妈妈平静下来了，又像平时那样讲道："这是可爱的小兔子，它们爱吃青草和菜……"然后，又说了小兔子的儿歌："小兔子白又白……"欢欢这才翻开下一页。

宝宝为什么会这样

宝宝的想象力和记忆力有所发展

1岁多的宝宝，记忆力和想象力都有所发展。他们开始思考和记忆那些不是眼前正在发生的事情，如同欢欢一样，虽然还无法用语言准确地表达出内心的想法，但他的内心非常明白。又如，如果把一样东西藏起来，宝宝不会像以前一样认为这件东西消失了，而是努力寻找，因为他知道东西不会凭空消失，如果在一个地方没有找到，他就会去另一个地方找。

➢ 宝宝成长中的一个必然过程

宝宝一般很难考虑别人的感受。但他不是由于自私，而是因为他还不具备换位思考的能力，无从想象别人会有什么想法。宝宝以自我为中心，在这一时期是很正常的，也是宝宝成长中的一个必然过程。心理学家简·皮亚杰指出，宝宝是以自我为中心的，他的精神全部集中在自己当下的需要和兴趣之上，对任何事情只考虑一个方面——他自己的那个方面。

➢ 父母的心理作用

面对不会说话的宝宝，父母有时会忽视他的存在，觉得他反正也不懂，何必跟他那么认真，有时想蒙混过关，但是往往逃不过宝宝天真稚气的眼睛。

父母应该怎样对待

➢ 利用各种游戏培养宝宝的记忆能力

在领着宝宝外出的时候，父母可以有意识地带宝宝走不同的路，培养宝宝的观察力和记忆力。到附近玩耍之后，还可以让宝宝领着大人找路回家。要求宝宝记住父母的工作单位和家庭住址，以及家中的电话号码。讲故事或说事情的时候，父母都可以向宝宝提出明确的记忆要求，使宝宝依靠自己的意志和能力去完成任务。

➢ 不要敷衍宝宝

宝宝虽然无法用语言把自己的想法准确表达出来，他的内心却非常明白。父母不要在宝宝面前耍小聪明，这些伎俩无法逃过宝宝的眼睛。因为宝宝的眼睛就好像一部高密度的摄像机，他只要看到就会准确无误地录制下来，有一天，他还会利用天生的模仿能力演示给我们看。

➢ 多跟宝宝解释事情的来龙去脉

在生活中，父母要多跟宝宝解释事情发生的原因和结果。如宝宝生病了，父母可以告诉宝宝生病的原因以及为什么要吃药、打针。“昨天，宝宝吃了太多冰淇淋，所以就生病了，生病了宝宝就要吃药，这样宝宝的病就会好。下次再吃冰淇淋的时候，可不要吃那么多了……”久而久之，宝宝也会养成讲道理的好习惯。

➢ 跟宝宝正确表达自己的情绪

当父母情绪反常的时候，如自己不舒服，可以告诉宝宝：“妈妈要躺一会儿，今天妈妈不太舒服，自己去玩一会儿玩具。”或者有意识地让宝宝给妈妈“捶捶腿”等。父母生气的时候，也可以直截了当地告诉宝宝“爸爸（妈妈）生气了”，而不要掩饰或假装不生气，语气又非常生硬地说“我没有生气”。这样反而会让宝宝“糊涂”，应该让宝宝知道父母和他一样也有不高兴和不舒服的时候。

041 妈妈，学你扫地好好玩

案例故事

晚上，妈妈拿着笤帚扫地，1 岁 4 个月的琦琦也到厨房拿了一个笤帚，到客厅里认真地扫了起来。她模仿着妈妈的样子，左扫几下，右扫几下，显得还挺利索。在客厅里扫了几下，又走到卧室里扫了几下。妈妈说："扫完了吧？把笤帚给妈妈吧。"可是琦琦就像没有听见一样，继续低着头，认真地扫，一边扫一边走，就像大人扫地一样。她偶尔也能扫出来一点脏东西。不过，这些东西总是随着她的笤帚来回"运动"。她站着扫累了，就干脆坐在地上扫。后来，妈妈看她累得气喘吁吁，就用别的东西来转移她的注意力。

琦琦很喜欢帮妈妈做事情。她经常把地上的纸捡起扔到垃圾桶里，把衣服放到小床上，把小兔放到玩具筐里……后来，妈妈便有意地交给她一些任务，如把袜子拿到床上，把鞋子放到床下面，把手套放到抽屉里……琦琦都非常高兴地去做。

宝宝为什么会这样

宝宝喜欢模仿

1 岁多的宝宝会走路了，经常模仿父母做事情。其实，宝宝只要能走路，就能为人服务。他们喜欢帮助人，并且会因为帮助别人做事而感到自豪。此时也正好是培养宝宝爱劳动、爱做家务的良好时机。

➢ 宝宝喜欢体验做事的过程

宝宝通过参与家务劳动，感到自己是家庭的一个重要成员，能为父母分担家务，体验到了自身的价值。他看到自己的劳动让家里变得整洁有序，从而获得一种快乐与自信。

让宝宝自主参与家务劳动，可培养他许多宝贵的品质，如责任感、独立性、自信心，以及珍惜时间和爱惜劳动果实等。

父母应该怎样对待

➢ 父母树立榜样

干家务会使家里整洁有序，但绝对不是一项简单的工作。如果父母因为做家务而产生抱怨等情绪，宝宝也可能会对家务琐事产生类似的看法；如果父母都积极地、有耐心地、轻松地做家务，他们也会以父母为榜样。

➢ 鼓励宝宝

当宝宝在身后跟着父母做事情的时候，不要阻止宝宝，而要鼓励他，还可以在一旁帮助他。做完后再夸奖宝宝一下，宝宝会非常高兴地继续做下去。父母可以借此让宝宝较长时间集中注意力完成一件事，养成良好习惯。

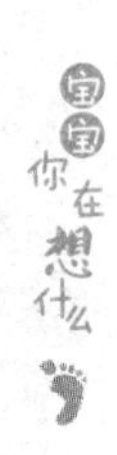

➢ 不要责备宝宝

宝宝因为动作以及经验的限制，还不能把事情做得很好，有时还可能帮一些倒忙。父母不要责备、阻止或替代他，而要告诉他做事情的一些技巧和方法。如他可能一开始分不清床上和床下，而把鞋子全都放在了床上，没关系，父母耐心地告诉他，他就会很快掌握并学会。父母可以借此培养宝宝做事动脑的习惯，促进其智力发展。

➢ 让宝宝体验做家务的快乐

当宝宝做不好的时候，父母可以在一旁协助宝宝完成，让宝宝亲身感受完成任务后的喜悦与快乐。如和宝宝一起欣赏干净整洁的环境，让宝宝的玩具小动物来参观他的衣柜、玩具柜等。

➢ 让宝宝知道自己是家庭的重要一员

父母通过让宝宝做家务，可以教导、告知宝宝："你是我们家庭的重要一员，爸爸妈妈需要你，爸爸妈妈需要你帮忙解决问题。"同时也使宝宝相信自己有能力为家庭作贡献，从而对家庭更有责任感。

05 哪儿来的声音，好吓人呀

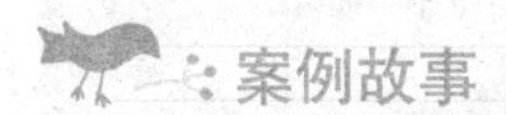

案例故事

芽芽1岁5个月了，对面的门铃一响，芽芽就大声哭着喊妈妈。楼上装修的声音一响，她更是哭着跑到妈妈的怀里，让妈妈抱。妈妈觉得很奇怪，芽芽原来没有这么胆小，怎么越大胆子越小了！

莉莉1岁半的时候到外面玩耍，树上的叶子随风纷纷落下，妈妈不但引导莉莉看落叶，还让莉莉听一听刮风的声音。当地上堆满落叶的时候，莉莉踩在叶子上，脚下发出沙沙的声响，妈妈让莉莉仔细听是哪里传来的声音。莉莉仔细一听，就说："叶子，叶子的声音。"妈妈说："是的，你的小脚踩在叶子上，就会发出这种声音。"莉莉高兴地在叶子上跑来跑去，反复听着沙沙声。

宝宝为什么会这样

宝宝对未知的突发声响的一种情绪反应

渐渐长大的宝宝会越来越在意他周遭的环境，对于不熟悉的声响，会表现出格外的恐惧，如吸尘器的声音、爆竹声。当然，不同宝宝对声音的敏感和害怕程度不尽相同。

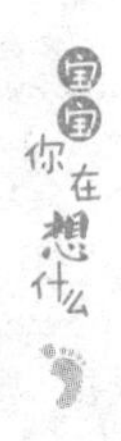

➢ 宝宝在这一年龄阶段的恐惧心理造成的

宝宝都会产生恐惧的情绪，这属于正常的心理发展。一般来说，各个年龄段的宝宝都会有恐惧现象。如 2 岁的宝宝怕打雷，怕刮风下雨，怕动物，怕洗澡，怕父母离开等；3 ~ 4 岁的宝宝怕妖魔鬼怪，怕黑影，怕死亡等；5 岁的宝宝怕黑，怕独处等；6 岁的宝宝怕某些声响，怕被遗弃，怕单独睡觉等。

➢ 父母缺乏解释

外出的时候，父母没有跟宝宝解释一些自然的现象和声响，例如宝宝踩在叶子上的时候会有沙沙的响声，但是如果父母没有让宝宝注意，宝宝也就不会太在意脚下的声响。

父母应该怎样对待

➢ 耐心陪伴，帮助宝宝消除恐惧情绪

当宝宝恐惧的时候，父母要多花一些时间陪伴宝宝，安慰宝宝。如宝宝睡觉的时候很害怕，父母就可以在他上床后陪伴他，给他讲一些轻松、安静的故事，或者哼唱一些甜美的曲子。如果宝宝对突然的声响害怕，父母就要保护好宝宝，不要让他独自承受。

➢ 提前告知宝宝加以注意

如果宝宝害怕吸尘器的声音，妈妈在使用吸尘器前，不妨事先告诉宝宝："妈妈要打扫房间了，你愿意做妈妈的帮手吗？"

然后让他摸摸、看看吸尘器。不要在宝宝背对着你或没准备的情形下使用吸尘器，这样可能会吓他一跳的。

➢ 向宝宝解释并与之交谈

如果宝宝对某种声响害怕，可以告诉宝宝做任何事情的时候都可能产生声音，还可以提醒宝宝注意各种声响：小鸟叽叽喳喳的声音，给花浇水的声音，汽车嘀嘀的喇叭声，自己走路、外面刮风、洗衣服等的声音，渐渐帮助宝宝消除恐惧的情绪。

让宝宝充分表达自己的恐惧。例如，可以问宝宝："宝贝，你怕什么呀？""我怕妖怪。"父母进一步追问："你为什么怕他？他是什么样子的？你如果看到妖怪有什么办法吗？"这些问题会帮助宝宝进一步了解他害怕的事情，缓解他害怕的情绪。

➢ 让宝宝逐渐适应

可以在宝宝从事自己十分喜欢的活动时，在远处制造某种微小的声响。当宝宝并不感到害怕后，慢慢加大声响或者使声响靠近宝宝一些，直到宝宝完全适应这种声响为止。宝宝体验到原来自己害怕的声响并不可怕后，再尝试用类似的方法消除宝宝对其他声响的惧怕。

06 我怕陌生人

案例故事

晚春的一天，风和日丽，气候宜人，1岁半的乐乐正在公园小路边绿地毯似的草丛中玩耍。偶尔可爱的蝴蝶从乐乐眼前翩翩飞过，乐乐高兴地晃动小手，试图用小手抓住蝴蝶，却见蝴蝶轻盈地从她的手前掠过，逗得乐乐手舞足蹈。这时，邻居家的王爷爷从远处走来，笑眯眯地对玩到兴处的乐乐说：“乐乐，爷爷抱抱你？”王爷爷刚刚伸出双手，乐乐“哇”的一下哭了起来，推开王爷爷的手，哭着跑向妈妈。妈妈抱起她一边抚慰，一边说：“这是王爷爷，怎么不认识啦？上次王爷爷还抱过你。刚才还那么听话，怎么突然间就不乖了！”这时，乐乐的爸爸插话道：“乐乐，怎么越长越不懂事！”

萱萱1岁半时也突然对陌生男士产生了戒备心理，在家里只要看见陌生男士，就会立刻放下手中的玩具跑向妈妈。如果男士不苟言笑，想要接近她，她更是拒之千里，大声哭叫，身体紧紧地依偎着妈妈，任凭妈妈怎么说叔叔好也无济于事。

宝宝为什么会这样

➢ 宝宝认生是人类的自我保护本能

宝宝认生是一种正常的心理现象。年轻的父母不必为此烦恼，更犯不上为此生气，这是人类的自我保护本能。宝宝与父母在一起感到幸福、安全，而与陌生人在一起就会感到不自在和缺乏安全感。这是所有有生命的生物遇到危险情境时，共有的一种自我保护的本能反应，也是人类在长期的进化中逐渐内化的、沿袭下来的行为联结。它逐渐内化为婴儿的“认生”行为。

➢ 宝宝认生是正常的情绪反应和行为表现

宝宝在与父母分离或与陌生人相处时，感到恐惧是正常的情绪反应。父母不必为此着急，而应该尽力满足宝宝正常的安全需求，陪他们玩，尽量为宝宝提供一个稳定、开放的场所，培养他们对多元环境的适应能力。随着宝宝的成长，情绪的发展，情感的丰富化和社会化，这种“认生”行为逐步被更高级的社会化的情绪反应取代。

➢ 宝宝认生主要源于感知能力的发展

宝宝在初生的头几个月里，还分不清楚客观事物的不同。这时谁逗他，他都是笑嘻嘻的；谁抱他，他都高兴。宝宝长到18个月左右，开始能够分辨客观事物的不同，看到经常喂养他、亲近他的人，宝宝往往会露出愉悦的表情，而遇到陌生的人要抱他，就会表现出紧张、害怕甚至哭闹的强烈情绪反应，并表现出回避、退缩的消极行为取向。

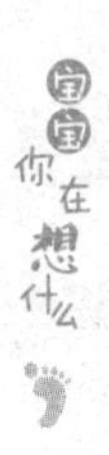

父母应该怎样对待

➢ 父母宽容、接纳宝宝的认生行为

当宝宝因为恐惧、害怕而感到孤立无助时，最需要爸爸妈妈的帮助，也最需要爸爸妈妈的拥抱和安慰。父母一定要用正确的方法、平和的心态看待宝宝的认生行为反应，有效引导、科学培养其健康的人际交往能力，使宝宝茁壮成长。

父母要多鼓励宝宝，帮助他树立自信心。父母如果对宝宝的认生行为加以责怪、吓唬或嘲笑，容易强化宝宝的不安全感，使宝宝的胆子越来越小，而且孤僻、退缩，这样很不利于宝宝的健康成长。

➢ 鼓励宝宝多参加多人游戏活动和“社交”活动

父母要多带宝宝到不熟悉的环境，使宝宝适应与陌生人的相处，逐渐培养宝宝适应陌生环境，并与陌生儿童、陌生成人正常交往的能力。

带着宝宝出去时，父母应该主动和其他宝宝的父母打招呼，了解对方的宝宝的情况，交流育儿经验，有意识地让各家的宝宝相互认识，一起玩。针对女孩害怕男士这一情况，父母可以带着女孩有意识地跟其他宝宝的爸爸说话，鼓励女孩把滚到男士身边的球捡回来，等等。经常参加这样的活动，有助于培养宝宝的人际交往能力。

➢ 切忌用陌生人来吓唬宝宝

如果家长为了哄宝宝，经常用“外面有坏人，会把你抱走”之类的话来吓唬他，虽然一时看来使宝宝安静下来了，实际上，却加深了宝宝对陌生人的恐惧感，不利于宝宝人际交往能力的培养和正性情绪的形成。

07 让我尝试，好吗

案例故事

毛毛非常爱搭积木，你瞧，他又专心致志地搭起来了。他一块一块地摞高，往高处摞了四五块积木了，然后又拿起一块大积木放上去，刚刚一放，“高楼大厦”顷刻间倒塌。他有些失望，但马上又开始重新构建“高楼”。这时妈妈忙完家务过来了，高兴地看着儿子搭积木。毛毛还是一块又一块地摞高，然后拿起一块大积木准备往上放，妈妈赶快说道：“儿子，千万别放，放上去就倒了。”毛毛不听，把大积木又放了上去，结果可想而知。妈妈又说道：“你看，倒了吧，你应该把大积木放在下面，把小积木放在上面，这样‘房子’才不会倒呀。”说完，妈妈还在旁边搭了一个“高楼”给毛毛看，认真地指导起儿子来，但是毛毛却一点也不高兴。

萱萱也出过同样的错，她看着自己的“高楼”倒塌，既伤心又沮丧。妈妈看到了，在一旁说道：“没关系的，‘楼房’倒了可以再搭一个。你想想看，刚才的‘楼房’为什么倒了？”萱萱听了妈妈的话，终于搭起了一座“气势恢弘的高楼”，她高兴得不得了。

宝宝为什么会这样

宝宝喜欢自己尝试

宝宝对周围的一切都充满了好奇，想通过自己的能力去探究，对宝宝来说这是一种十分可贵的体验。宝宝在这个过程中，不仅获得了知识，而且养成了探究事物奥秘的良好习惯。

宝宝喜欢重复做一项活动或一件事情，宝宝的学习方式就是简单的重复。探究本身就是一种快乐。

宝宝的认知经验少

宝宝的这种“错误”现象非常正常。宝宝正是在一个又一个“楼房倒塌”的错误中成长起来的。体验错误，在错误中学习，这也是他积累经验的过程。父母不必大惊小怪，也不必去干涉宝宝。父母传授的知识，必须通过宝宝亲身实践才能变为他自己的知识。父母的干涉反而让他少了一次探究的快乐。

父母过多的包办代替

父母总是以教导者、指导者的身份出现在宝宝的身边，不能容忍宝宝失败，当宝宝出现问题或不会做某事的时候，如果不去指导宝宝，好像就会有失家长的指导身份。这样就会出现过多的指导甚至包办代替。

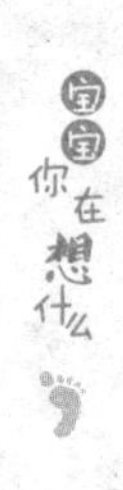

父母应该怎样对待

➢ 放开宝宝的手脚

宝宝能自己做的事情，父母就让他自己来做，虽然他常常做不好，但是他会乐在其中。如宝宝要自己扣扣子，就拿有扣子的衣服让他练习，尽管他上下对错了位置，也没有关系。父母代替，反而会阻止宝宝获取成功，当然他也就无法获得成功的体验。

➢ 允许宝宝出错

让宝宝在感受错误的过程中探索。只要错误不会对宝宝及他人构成伤害，父母就要用接纳、平和的心态来对待，给他出错的机会，让他自己去体验错误带给他的一切未必不是一件好事。

➢ 不直接告诉宝宝答案

有些答案父母直接告诉宝宝，宝宝未必理解，不妨让宝宝自己找出答案。从萱萱身上，我们就可以看到，宝宝是可以通过自己的尝试找出答案的，通过自己的努力获得的成功是什么也换不来的。

➢ 在一旁鼓励宝宝

宝宝遇到困难的时候，只要他通过自己的努力能完成的事情，父母只需在一旁给他加油，给他继续下去的信心和力量。如宝宝要把卡片装到一个小袋子里，起初他没有找到正确的方法，但是他仍然在认真地装着，这时，父母只需要在一旁鼓励他“不着急，慢慢来”就可以了。

➢ 以朋友的身份与宝宝相处

父母要常常以“小朋友”的身份，观看或者参与宝宝的游戏。即使在宝宝遇到困难的时候，父母仍然作为朋友参与其中，先让宝宝自行解决，如果他确实无法解决问题，父母再以朋友的关系从旁协助，或以帮助者的身份出现。

08 我的玩伴“熊宝宝”

案例故事

萱萱1岁8个月了，是个聪明乖巧的女孩。她有一个非常要好的朋友——毛绒玩具小熊。吃饭、睡觉、出去玩，她都要带上这只小熊。后来，妈妈给她一些吃的东西，她都要喂小熊，还说：“小熊，你吃！”看到什么好玩的东西，她都会把小熊抱起来，说：“小熊，看，小鸟……”妈妈跟她玩了什么游戏，她就跟小熊玩。什么“一抓金，二抓银，三抓不笑是好人”，她边说边抓小熊的腿、脚、屁股等。她爱玩“过家家”，小熊是她最好、最忠实的玩伴，一会儿让小熊吃东西，一会儿让小熊喝水，一会儿又让小熊睡觉。有时，她还说，小熊撒尿、拉臭臭了，拿手纸给小熊擦屁股。到了晚上，她还给小熊盖上被子，搂着小熊睡觉，还经常亲一亲小熊……可是爸爸有时想抱她、亲她，她都不让。爸爸说：“在女儿眼里，我还不如那只小熊呢。”

这只小熊已经非常破旧，妈妈做过多次修补，爸爸看她这么喜欢小熊，就给她买了好几只小熊，想替代这只小熊，但她对这只破旧的小熊情有独钟。一次，妈妈趁她不注意，把那只小熊藏到了柜子里，想用别的漂亮小熊代替它。但萱萱始终不能接纳这些新小熊，对它们提不起任何兴趣。过了两天，她无意中从爸爸的柜子里发现了那只小熊，把这个“失而复得”的小熊抱出来亲了又亲，那个高兴劲就甭提了，妈妈只好把那只小熊补了又补。

宝宝为什么会这样

➢ 这种象征性游戏可发展宝宝的想象力

大多数宝宝小的时候，都有这样一个要好的玩具玩伴。甚至有些宝宝上幼儿园了，也要随身带上他平时的玩具玩伴，陪着他一起面对新的环境。宝宝与毛绒动物谈话，“过家家”，用玩具搭一个高楼……看起来仅仅是游戏，实际上，它有利于发展宝宝的想象力，发展宝宝健康成长所需要的技能。

➢ 玩具玩伴给宝宝带来安全感

妈妈的轻拍、搂抱和抚摸使宝宝感受到温暖和保护。当妈妈不在身边的时候，玩具玩伴自然而然地替代了妈妈的位置。宝宝通过摆弄它满足皮肤的触摸需要，从而获得安慰。宝宝感到焦虑不安、遇到麻烦的时候，这个小玩伴又会成为宝宝的精神支柱，帮助宝宝缓解紧张、摆脱困扰。

➢ 玩具玩伴是宝宝依恋和信任的对象

玩具玩伴可以随时待在宝宝身边，任随宝宝抚摸和摆弄，能陪伴他一起玩，一起睡，一起渡过难关。既不会发脾气，也不会唠叨。宝宝有不痛快的时候，还可以向这个玩伴发泄和倾诉。有时候，它还可能成为宝宝的挡箭牌，比如，有时宝宝犯了错误，他会说“是我和小熊一起干的”，这样在挨批评的时候就不那么孤独了。所以，宝宝对玩具玩伴充满了深深的依恋和信任。

➢ 玩具玩伴可以陪伴宝宝成长

宝宝的玩伴可能陪伴他很长一段时间，随着宝宝逐渐长大，他会和周围建立一种良好的信任关系，宝宝就会慢慢离开他的这个小玩伴了。也许，宝宝仍然会不时地和这个曾经给他带来愉快和慰藉的玩伴玩耍。

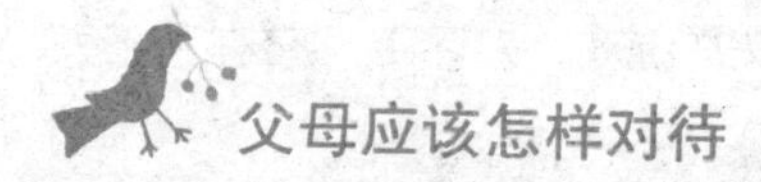

父母应该怎样对待

➢ 尊重宝宝的意愿

父母不要把宝宝的玩具玩伴简单地视为一般意义上的玩具，而要把它视为宝宝的伙伴。父母要顺其自然，任由宝宝跟他的玩伴玩耍。父母带宝宝外出的时候，允许他带上他的玩伴。父母跟他玩游戏的时候，宝宝要让他的玩伴加入，父母也不要制止。

➢ 注意玩具玩伴的清洁

如果宝宝对玩具玩伴始终不肯离手，父母可以趁着宝宝入睡的时候，把他的玩具玩伴清洗干净，放在在太阳下晒一晒。不要随意拿走和替换宝宝的玩具玩伴。

➢ 引导宝宝交往

父母要有意识地引导宝宝和其他小伙伴交往，扩大他的交往范围，培养他的交往能力，使宝宝在与小伙伴的交往中获得快乐。例如，在外面玩耍的时候，父母主动与别的小朋友的父母打招呼，亲切地交谈，让宝宝和小朋友分享自己的玩具；还可以帮助宝宝邀请几个小伙伴到家中玩耍；节假日，也可以约请几个家长带着孩子到公园玩或郊游。

➢ 注意宝宝的年龄

宝宝四五岁时，仍然一刻也离不开他的玩具玩伴，这时父母应该及时向医生咨询，对其进行治疗。

02 “台阶”真坏

案例故事

商场里，人群熙熙攘攘。妈妈带着1岁8个月的坚坚在逛商场。在上台阶的时候，坚坚不小心摔倒并哭了起来。妈妈边哄坚坚边用脚踩着台阶，说：“谁让你碰了我的宝宝，我踩死你！我打死你！”坚坚停止了哭声，认真地看着妈妈。妈妈踩完了台阶转向坚坚：“来，宝宝，你也踩它几脚。”好像不把台阶踩烂就不解气。宝宝在妈妈的鼓励下，也用小脚踩了几下台阶，好像踩了台阶他就不疼了。

鹏鹏在跑的过程中，不小心摔倒在地，碰到了桌子角。鹏鹏头上起了一个大包，他大哭起来。奶奶冲过来，抱起鹏鹏，马上就给了桌子角几下，并说道：“你这该死的桌子，我打你！”……

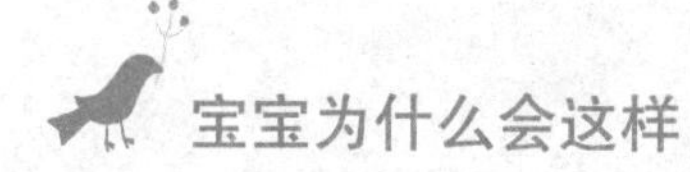

宝宝为什么会这样

宝宝走路摔倒是难免的

大多数宝宝12～14个月会走路，有的要18～20个月才会走路，但是无论如何，几乎每一个宝宝在走路的时候，都会摔倒。这可能是因为宝宝没有留意脚下路面的差异、变化，也可能是因为走路还不太稳。

➢ 宝宝的情绪易受父母感染

宝宝的情绪很不稳定，容易受到父母情绪的感染。宝宝摔倒后，身体确实感到疼痛，父母通过情绪转移，可能让宝宝暂时忘记疼痛，停止哭声。这种哄宝宝的方法很有效，也减缓了父母自身因照管失误所带来的内疚感，因此它被沿用了下来。不过，有时候，父母动静太大了，宝宝还以为自己摔得很重，反而哭得更凶了。

➢ 父母经常抱怨他人

生活中，父母遇到问题或事情，常常不从自己身上找原因，总是怨天尤人，宝宝也会耳濡目染，效仿父母的心态对待自己面临的事情。

父母要认识到，自己这样做，容易使宝宝形成一种推卸责任的心理。宝宝不能找出磕碰的原因，下一次还会发生同样的事情。宝宝长大了，如果受到伤害，他立刻就会攻击使他受伤害的对象，而不会从自身寻找原因。

责任心是一个人不可缺少的品质。让跌跌撞撞的宝宝自己承担行为的后果，是培养宝宝责任心的一条重要途径。

父母应该怎样对待

➢ 根据受伤轻重予以适当安慰

宝宝磕碰、摔倒后，父母要具体情况具体分析。如果宝宝磕得很轻，可以装作没看见，让宝宝自己爬起来，让他知道，

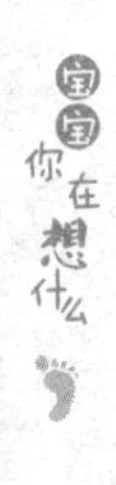

摔倒了，应该自己爬起来，而不是哭闹；如果摔得很重，父母也不必大惊小怪，父母表现出急切而夸张的举动的话，宝宝会感到事态严重。有时，宝宝磕碰之后哭哭啼啼并不是因为疼，而是因为父母的态度与行为。父母的急切举动并不能减轻宝宝的疼痛，反而会削弱宝宝承受挫折的能力。

宝宝摔倒后，父母可以用很温和的语言说："宝贝，自己就能站起来，真棒！"鼓励他自己站起来，然后给予适当的安慰，并且马上采取相应的医护措施。

➢ 鼓励宝宝自己承担责任

父母给宝宝处理完创伤后，可以跟宝宝说："你走路的时候要小心一点，注意看清前面的东西，就不会碰伤了。"一方面，让宝宝明白摔倒是自己的原因，而不是道路的不平坦或其他原因造成的；另一方面，也提示宝宝应该注意保护自己。

摔跤之类的事情没什么大不了的，只要父母稍加引导，宝宝就会处理好。可以对宝宝说："自己起来，好样的，真勇敢！一会儿就没事了。""来，哪疼？我帮你吹一吹。下次走路的时候要专心。"国外父母的做法值得借鉴：日本的父母会让宝宝重新走一遍，预防犯同样的过错；西方的父母会放手让宝宝自己解决问题——自己摔倒的，自己爬起来。

➢ 及时提醒宝宝注意

在宝宝上台阶之前，提醒宝宝一下：要上台阶了，一步一步慢慢走。最好让宝宝牵着妈妈的手或扶着扶手上台阶。

➢ **父母以积极的心态给宝宝树立良好的榜样**

在生活中，父母难免会遇到一些不尽如人意的事情，例如，饭菜烧煳了，工作不顺利等。如果父母能以积极的心态、乐观的情绪来面对这些事情，宝宝也会学到正确的为人之道。

10 我要自己穿衣服

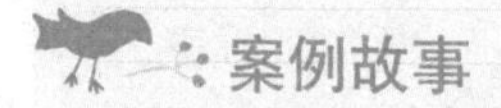

案例故事

1岁8个月的芽芽什么事情都要自己做。她每天都要自己练习穿背心和短裤，虽然她经常穿错，仍然不停地穿脱衣服。

芽芽走台阶时，总是不让妈妈扶，如果妈妈扶了她，她就非常生气，自己还要重新上下一次。

玩游戏的时候，球滚到远处去了，芽芽会自己跑去捡球，还说："妈妈别捡，宝贝自己捡。"

芽芽骑小自行车的时候，经常说："妈妈别扶，宝贝自己骑！"她还要自己倒牛奶，结果牛奶洒了一地。

宝宝为什么会这样

➢ 宝宝喜欢自己做事情

这一时期，宝宝都喜欢试着独自处理许多事情，如自己穿衣服，宝宝做好后，他们希望得到父母的赞赏。但是，有的宝宝学会一项技能后，很快就会对其失去兴趣，这种现象是非常常见的。

➢ 宝宝自立意识的出现和动作的发展

逃避依赖、主张自我是这一阶段宝宝的特点。这一时期，宝宝的运动机能大大发展，几乎每天都在不停地活动。

➢ 父母过多的干涉甚至替代

宝宝愿意自己做事情，但由于理解力弱、缺乏知识、动作不够协调等，常常不能顺心遂意，父母看见了就会进行过多的干涉甚至替代，这样反而使宝宝反感。所以有时父母帮助了他，他还要重新做一遍，证实自己能够独立做到，如上例中芳芳重新上下台阶。

父母应该怎样对待

➢ 尊重宝宝独立做事的愿望

父母要认识到这是宝宝发展的一个必经过程，由不会到会需要一个过程，尊重宝宝独立做事情的愿望，可以帮助宝宝发展这种自主能力。当宝宝做得很好的时候，可以给予他鼓励和肯定，或者与宝宝分享每一点成功的快乐和骄傲。

➢ 提供适当的帮助

如果宝宝做得不成功，父母应给予指导；如果宝宝未能按照父母指点的方法去做，父母可以示范一遍给他看。如给宝宝示范倒牛奶的方法后，再让他慢慢倒。如果宝宝坚持要自己刷牙而又不会刷，父母就可以让他握着你的手，跟你一同刷他的

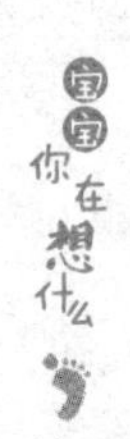

牙齿。他会非常快乐地参与这些事情的。

➢ 给宝宝证实自己能力的机会

有时父母无法忍受宝宝很费力地做事情，便急于提供帮助，但是宝宝往往不想让别人插手，父母强行帮助或代替他去做事情，他会非常生气。如果时间允许，又没有什么危险，不如放手让宝宝自己去做。如果宝宝通过自己的努力做好一件事情，如独自穿好衣服，你会发现他是多么的快乐。你也会理解，让宝宝有机会证实自己的能力是非常重要的。

➢ 事先嘱咐宝宝

在某些场合，没有充足的时间让宝宝自己去做某些事情，可以事先叮嘱宝宝："我们马上就要走，你拿着这本故事书，妈妈帮你把鞋穿好。"这样既可以引开他的注意力，又可以快速帮助宝宝穿好鞋，以防宝宝哭闹。

11 眼前的“蚂蚁”真有趣

案例故事

妈妈跟1岁8个月的琳琳说好，要到街心公园找他的小伙伴玩，还带了很多玩具。可他们刚走出门，琳琳就发现了一个小山坡，并沿着小山坡跑上跑下。

一会儿，琳琳开始观察小蚂蚁，他看着密密麻麻的小蚂蚁排成一队，觉得非常有意思。妈妈催促琳琳赶快走，不然小伙伴都要回家了。尽管妈妈催促了琳琳好几次，但是琳琳像没有听见一样，继续自己玩。妈妈没办法，只好和儿子一道观察小蚂蚁忙忙碌碌地爬来爬去……

宝宝为什么会这样

宝宝注意的特点决定的——关注眼前感兴趣的事物

宝宝以无意注意为主，易受外界事物的干扰，也就是说，一切新奇多变的事物都会影响他，引起他的关注。宝宝会关注眼前感兴趣的事物，继而忘记刚才的承诺。

宝宝的时间概念还很差

宝宝的时间概念跟我们大人的不同。我们的时间像箭一样，

瞄准一个方向，有一个明确的目标，其他都是次要的。而宝宝的时间则像一个圆，哪里都不去，转了一圈又回来了，没有效率可言。

➢ 父母的参与使宝宝更加关注眼前的事物

妈妈陪着宝宝一同观察事物，再加上一些引导性的、生动的讲解和说明，会使宝宝更加专注于眼前的事物。

父母应该怎样对待

➢ 不要责备宝宝

只要宝宝玩得高兴，不会有什么危险，父母就没有必要责备宝宝，而应耐心地陪他一起玩耍。如果宝宝观察小蚂蚁，父母可以蹲下来陪他一起观察，有意识地引导他观察蚂蚁的外形特征，以丰富宝宝的词汇，培养宝宝的注意力、观察力和探究事情的兴趣。

➢ 有意识地提醒宝宝

如果父母有事情要办，或是跟别人已经约好，可以试着转移宝宝的注意力，或告诉宝宝“我们去的那个地方很美，有桃花、榆叶梅，还有很多小蚂蚁、大蚂蚁……”，以引起宝宝去那个地方的兴趣。

➢ 和宝宝制订计划

妈妈可以和宝宝一起商量第二天要做的事情，例如，早晨干什么，中午干什么，晚上干什么。第二天早上外出前，父母让宝宝说出头一天一起制订的计划。如果宝宝落下了什么重要的事情，父母可以提醒他，然后和他逐一完成。

➢ 巧用宝宝的无意注意

宝宝的注意以无意注意为主，但无意注意不等于注意力不集中，它是一种特殊的注意方式。父母可充分利用宝宝的无意注意向他传授许多知识，进行早期教育。如带宝宝外出的时候，就要密切关注宝宝的兴奋点，引导他敏锐地感知、主动地探究周围的世界。如宝宝看到从树上吹落下来的杨树花，像毛毛虫一样，很好玩。父母就可以引导宝宝看一看，摸一摸，思考这种东西是从什么地方掉下来的，它像什么……这样不失时机地穿插一些生动的讲解和有趣的说明，能使宝宝在“无意”中学到很多知识，并且促进宝宝有意注意的发展。

12 我不想吃饭

案例故事

1 岁 8 个月的奇奇好像对饭没有什么兴趣，总是磨磨蹭蹭，吃饭可费劲了。为此爷爷奶奶真是绞尽脑汁，每次都变着花样做饭。到了吃饭的时候，奶奶端着一碗馄饨来喂奇奇，可是他只吃了一个就跑开玩积木去了。奶奶追过去，又往奇奇嘴里塞了一个，奇奇吐了出来。看到奇奇不吃馄饨，爷爷把米饭和炖肉拿上来给奇奇吃，他也拒绝了。奶奶又拿来了鸡蛋羹……奇奇到哪里，爷爷奶奶就端着饭碗追到哪里。有时候，一顿饭要吃上一两个小时。因为奇奇吃得少，爷爷奶奶总是给他加一些零食。但是奇奇还是瘦瘦的，好像营养不良。检查身体的时候，奇奇的身高、体重都没有合格，爷爷奶奶非常着急。

1 岁 10 个月的强强在吃饭的时候，要求自己吃，结果饭撒得到处都是，碗也摔到了地上。妈妈批评他吃饭不专心。强强小嘴一撇，哭起来了，饭也没有吃下去。

菲菲对肉情有独钟，每次吃蔬菜的时候，妈妈总是连哄带骗，菲菲才勉强吃一点。妈妈也想过一些办法，比如，把菜包到饺子里面，让她先吃完蔬菜再吃肉等，但效果总是不佳。菲菲每次只要一吃蔬菜，就要吐出来；吃饺子时，蔬菜不挑出来，她就干脆不吃，或只吃饺子皮。饿了，就去找零食吃，弄得妈妈一点办法都没有。

宝宝为什么会这样

➢ 活动量不够，宝宝不饿

会走路的宝宝，开始从室内走向室外。此时的宝宝走路、跑步跌跌撞撞，有的父母总是限制宝宝的活动，拉着宝宝的手，以免宝宝磕碰。殊不知，这样反而不利于宝宝的动作发展，一旦大人撒手，宝宝更容易发生危险。宝宝的活动量不够，吃饭的时候常常不觉得饥饿，所以，吃什么都没有味道。

➢ 宝宝挑食，用零食充饥

宝宝喜欢吃什么，父母就做什么，于是宝宝养成了挑食的习惯。一旦菜里面加了一些其他的食物，宝宝就不吃饭。宝宝饿了，父母就拿零食作替补，宝宝吃了零食，吃饭的时候不饿，这样就形成了一种恶性循环，即宝宝不喜欢吃正餐，而喜欢吃零食。

➢ 不定时进餐

父母不能按时给宝宝做饭。如晚餐时间常常延后，使得宝宝不能养成按时进餐的习惯，这样也容易造成宝宝用零食充饥。

父母应该怎样对待

➢ 轻松、按时进餐

进餐的时候，一家人都坐下来吃饭，可以放一些轻松的音乐，不看电视，让宝宝专心进食。根据宝宝一日营养的需求安排饮食，根据当地的情况和季节选用多种食物，培养宝宝爱吃各种食物，不挑食、不偏食的好习惯。

1 岁多的宝宝进餐时，可以给宝宝的碗中放入少量食物，等他吃完后再添加，以免食物太多，弄得到处都是。添加食物时，还容易给宝宝一种新奇感，好像食物变化了一样。

宝宝的食欲和情绪是相关的，受到刺激，或是在进食的时候，受到严厉批评和责怪，都会导致宝宝食欲减退或消失。不要在吃饭的时候责问、训斥或批评宝宝，这样容易导致宝宝精神紧张，食欲消退，久而久之，还可能出现厌食。

➢ 合理地给宝宝零食

零食是正餐之外的小吃，是宝宝喜欢吃的小食品，宝宝吃零食能增强生活的乐趣，也是生理的需要。零食可对正餐进行补充。如果零食选择不当或吃多了，会影响正餐进食，扰乱消化系统的正常规律，引起消化系统疾病和营养失衡，影响宝宝的身体健康。

吃零食的最佳时间是每天中饭、晚饭之间。要以正餐为主，零食为辅。可以选择各类水果、全麦饼干、面包等作零食，要少而精，并经常变换花样。不要经常把太甜、油腻的糕点、糖果、水果罐头和巧克力等作为宝宝的零食。切忌用零食来逗哄宝宝。

允许宝宝自己进餐

对于刚刚学会走路的宝宝来说，吃饭无异于一场“战斗”。宝宝的好奇心强，喜欢模仿，这些特点促使他们要自己吃饭。然而宝宝的精细动作发展还不太好，所以，常常会把食物弄得到处都是，连他自己也常常弄得跟小花猫似的，但是这一切丝毫没有减弱宝宝自己尝试用餐的渴望。不管他能不能成功地将食物塞进嘴里，那些尝试都是宝宝探索万事万物的方式之一。其实在宝宝学习吃饭的过程中，混乱、不整洁是难免的，不要为了整齐而限制宝宝吃饭。允许宝宝用自己的方式进餐，如可以用勺子，也可以用手抓，只要宝宝在吃饭，就尽量不要干涉。在宝宝就餐时，可以给他围上一个围裙，在桌下铺上一块塑料布，以免收拾起来麻烦。

让宝宝多到户外活动，适当参与劳动

让宝宝多活动，如踢球、骑车、游泳、户外散步等，按时就餐，中间不要吃过多的零食，以免影响宝宝的正餐。

变换食谱，引起宝宝进餐的兴趣

妈妈可以细心讲解食物的名称、颜色、烹调方法等，这样既可以引起宝宝进食的兴趣，还可以使宝宝获得知识。注意观察宝宝爱吃哪些东西，然后在爱吃的东西里面添加一些必需的营养物质。如宝宝爱吃饺子，但是不爱吃虾，可以把虾肉剁烂

放在饺子馅里面，量由少逐渐增多。宝宝爱喝酸奶，不爱吃水果，可以在酸奶中添加一些小的新鲜的水果丁。进餐的时候，颜色上要注意搭配，如红色的西红柿，绿色的黄瓜等。

父母还可以让宝宝参与择菜，在此过程中，告诉宝宝菜名等，吃的时候，告诉宝宝，这个菜就是他刚才择的，以引起宝宝的兴趣。

➢ 切忌强制宝宝进餐

如果宝宝吃饱了或对食物失去兴趣，赶紧拿走餐具并打扫干净，这样就可以避免宝宝吃饱喝足之后，把餐具当成玩具。有时候，宝宝的食欲减退，父母不要强制宝宝，切忌用甜食来讨好宝宝。

13 妈妈，我要你抱着走

案例故事

璐璐1岁10个月了，妈妈要带她出去玩。刚一出门，她就伸出小手说道："妈妈抱。"妈妈说："你不是会走了吗，怎么要妈妈抱呢？自己走。"璐璐嘴巴一撇大声哭起来，妈妈只好抱起她。璐璐和小伙伴玩完了，要回家了，她又一伸手，说："妈妈抱。"妈妈没办法，只好把璐璐抱回家，后来，妈妈想了一个办法，出门以车代步，这样璐璐不用走路，妈妈也不用抱璐璐了。

相相的妈妈也遇到了同样的烦恼，她总是说，刚开始学走路的时候，妈妈想抱，宝宝都不让抱，现在宝宝会走了，反而要让妈妈抱，这到底是怎么回事呢？

宝宝为什么会这样

➢ 宝宝学会走路后对"练习"可能失去了兴趣

宝宝刚开始学走路的时候，对走路有一股新鲜劲、执著劲。在这一阶段，父母如果抱起宝宝不让他下地走路，他往往哭着闹着要下地。当宝宝学会了走路，并且走得很稳当、熟练的时候，他可能对走路失去了兴趣，不愿意走路了，到哪里都要伸出小手说"妈妈抱"。这是一种很正常的现象，父母不必大惊小怪。

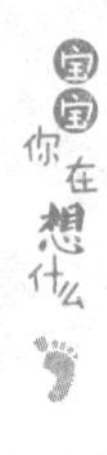

> 宝宝对父母的一种依恋

这体现出宝宝对父母的依恋。宝宝被父母抱着，感到十分安全、舒服。有时，父母抱着宝宝，宝宝的视野宽阔，看到的事物更多一些。

> 宝宝确实感到累了

宝宝走了一段路，确实感到累了，需要父母抱着走一程，自己休息一会儿。但是，父母如果完全答应宝宝的要求，宝宝就可能越来越不愿意自己走，而要父母抱着走了。

> 父母的溺爱

有的父母总怕宝宝累坏了，宝宝没走两步，父母就会主动伸出手抱他。久而久之，宝宝就会养成不爱走路的习惯，去哪里都要别人抱。

父母应该怎样对待

> 出门之前跟宝宝讲好条件

宝宝出门前，妈妈要告诉宝宝要去哪里，并提出要求。例如，“我们今天要去操场玩，璐璐可棒了，能自己走到操场，对不对？”等到回来的时候，宝宝走累了，父母可以抱她一会儿。抱之前也可以跟她说：“妈妈抱你一会儿，走到饭馆前，宝宝又有力气了，然后就自己下来走路。”当宝宝下来走路的时候，父母可以伸出大拇指、点头或进行言语的鼓励。

➢ 利用儿歌、故事、玩具引导宝宝走路

给宝宝唱儿歌或讲故事，让宝宝扮演其中的角色，自然而然地让宝宝自己走路。例如，让宝宝扮演一只可爱的小兔，“小兔小兔跳，不要妈妈抱，小兔小兔跳，自己吃青草……”让宝宝从中受到教育。

父母可以送宝宝一辆小拖车，让宝宝拖着小拖车走路，还可以在小拖车里放上他喜欢的小动物玩具，并嘱咐宝宝照顾好他的“伙伴”，宝宝就会非常乐意接受这个任务并自己走路。

➢ 巧用路上的物体玩走路游戏

父母可以巧用路上的物体，和宝宝玩走路的游戏。出门之前与宝宝商量好，当他走到某一个地点时，妈妈就抱他。例如，走到小熊广告牌、老鹰房顶或者理发馆前的旋转彩灯处，妈妈就抱。这些地点可以由近到远，经常加以变换，宝宝也会边走边观察、寻找这些物体，一旦发现，宝宝会非常高兴，把它当作一种游戏，也就很容易接受父母的建议了。当然要注意循序渐进，逐渐培养宝宝独立自主的能力。

➢ 让宝宝领着妈妈走路

给宝宝一个他感兴趣并可以完成的任务，如“我们今天要去学校的小花园玩，宝宝认识那个地方，你今天领着妈妈走吧”。等走到指定地点，父母要给以肯定。这样不仅可以让宝宝自己走去走回，还有助于宝宝记住路线和地理位置。

14 我就“不”嘛

案例故事

这几日，伊伊做任何事情都变得固执、任性。到外面去玩，她要拿着大熊猫玩偶。妈妈说：“你要坐妈妈的自行车，手拿着它不好扶车。”“我们去商店，阿姨以为它是商店的东西呢，要拿走的。”可伊伊就是不同意，非要拿着熊猫玩偶坐车。坐车时，妈妈让她把熊猫玩偶放到车筐里，她就是不从。

伊伊玩到快中午了，妈妈要带她回家，可她就是不回。“伊伊，咱们要回家了，妈妈还要做饭呢，不然，一会儿你饿了，没有吃的怎么办呀？……”任妈妈讲道理，她就是不回家。妈妈只好强硬地把她抱上车。洗手时，她的手就离不开水了。叫她几声，她都不理，仍在那里玩水。把她从水龙头那里抱走，她又是大哭。帮她穿鞋，她偏要自己穿，让她自己穿鞋，她偏要光着脚。她总跟妈妈对着干。

宝宝为什么会这样

➢ 宝宝自我意识的萌芽

在这一阶段，宝宝走路已经稳稳当当，活动空间大大扩大，也能够较清楚地表达自己的想法。随着动作和语言能力的发展，宝宝的自我意识和自主能力增强，他开始知道自己的表现可以影响某些事物，如爸爸妈妈的表情。宝宝开始认识自己、观察自己，测试自己的影响力。对于大人的要求与命令，会经常说“我不嘛”、“偏不”、“不要”等常用语。

宝宝自我意识的萌芽，标志着宝宝的主观世界在慢慢成长，这不是坏事，恰恰是成长的可喜之处。

➢ 宝宝对独立自主的需求

宝宝的反抗是对独立能力的一种需求。当这种需求得不到满足时，他就会用反抗来表达。如果宝宝的独立性需求得到了满足，他就不会有过多的反抗表现，反抗只是一种暂时的现象。如果这个阶段宝宝独立活动的要求总是受到压制，他就会形成一种反抗性格。

➢ 父母反应的强化

当宝宝做了一些大人眼里的淘气行为时，例如，宝宝把杯子中的水洒得到处都是，他可能只是出于好奇与好玩，没有想到这样做会带来什么后果，但是父母表现出慌乱与限制，这种过度的反应反而强化了宝宝的洒水行为，他可能感到更加刺激、有趣，会重复去做。

父母应该怎样对待

➢ 了解、尊重宝宝的反抗行为

这个阶段的宝宝总是想看看自己能不能办到一些事情，但

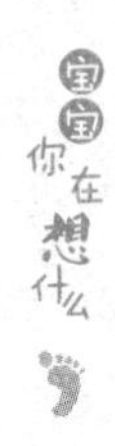

是由于能力所限，他们会遭遇挫折。父母要允许他们的“出格行为”，应该理解他们，帮他们达成愿望，但不要越俎代庖，或者阻止他们去尝试。例如，宝宝想自己倒水、自己穿衣、自己吃饭……父母可以在一旁看着他，允许他尝试。如果他把水倒洒了，再向他提建议，耐心地告诉他可以这么做。不要一把拿过来代替宝宝，要给予宝宝自由的空间，顺应宝宝的发展。

➢ **因势利导，从旁协助**

例如，宝宝尝试着越过门槛，父母可以在他跌倒的时候扶他一把，不要把他抱过门槛，或者干脆把他关在门内。父母要让他自己继续尝试，必要的时候再给予他帮助，让他从自主行动中体会到成功的快乐。对他的一些“出格行为”带来的后果，父母应该持一种平和耐心的态度，和他一起收拾“残局”，不要指责他，以此促进其心理健康发展。

➢ **给宝宝选择的机会**

这一时期的宝宝不喜欢别人指定他做某件事，所以尽量不要给他说“不”的机会，对于十分有必要做的事情，不妨给他提供几种可能的办法，让他自行选择。例如，让他吃药的时候，不要说“明明，咱们吃药好吗”，而是说“明明，你先吃止咳药还是祛痰药呀”。如带他出去玩，就不要说“咱们出去玩好吗”，而是要让他二选一，以防宝宝脱口说出“不”字。可以对宝宝说，“我们去操场玩还是去小花园玩”，他一般会从这两种方案中选择一种，而后高高兴兴地出门玩耍。

➢ 教育方法一致

爸爸妈妈和爷爷奶奶的教育方法要达成一致，如爸爸妈妈在管教宝宝，而爷爷奶奶却要护短，就会增加他情绪上的反抗性和不稳定性。

➢ 转移宝宝的注意力

当宝宝反抗哭闹的时候，不妨用他最喜欢的事情转移一下他的注意力，例如，拿出小玩具跟他谈话，讲他最爱听的故事，大声朗读他爱听的儿歌等。等他情绪稳定下来，还可以跟他交流，提出建议。

父母要多与宝宝沟通，促进宝宝的词汇运用，让他清晰地表达自己的情绪状态。

➢ 利用故事讲道理

妈妈可以把宝宝的某种行为有意识地编入某一个故事情节之中，通过讲故事让他明白自己这样做的后果，用形象生动的语言甚至动作，把道理讲给他听。例如，宝宝饭前非要吃冰淇淋，就可以把饭前吃冰淇淋这个情节编成：小熊饭前吃冷饮，后来肚子疼，要打针、吃药……让宝宝明白这样做的后果，这比一味地说教和强行限制好得多。

15 别扶我，我自己来

案例故事

萱萱1岁10个月了，她很高兴地踢球，皮球滚跑了，她跑去追皮球的时候摔倒了。妈妈并没有过去扶她。她爬起来，说道：“没关系，等一会儿就好了。”她边说边揉了两下，就又踢球去了。萱萱几乎每次摔倒后都是自己爬起来的，妈妈一般不扶她，只是说“没事，自己爬起来”。等她起来后，妈妈再问她：“摔哪儿了？我给你揉一揉。”

又有一次，萱萱跟小伙伴玩游戏，手不小心被门夹了一下，而后她大哭。妈妈看了看她的小手，伤得还挺厉害，就说道：“萱萱，你做事情要小心一点，来，妈妈给你吹一吹。”妈妈给她吹了几下，她就不哭了，并含着眼泪说道：“一会儿就好了。”

宝宝为什么会这样

➢ 宝宝独立意识的出现

随着年龄的增长和动作的发展，宝宝的自我意识和独立意识逐步形成，并且宝宝也有一定的适应环境的能力，他会认为自己能做好很多事情，自己能解决一些问题，他愿意通过行动来证明自己的能力。

父母的暗示、引导

宝宝摔倒了、受伤了，他本不知怎样做才是得体的，父母的态度和引导十分重要。萱萱每次摔倒后，妈妈都让她自己爬起来。这样，萱萱从小就明白，是因为她自己不小心才会摔倒，她自己要承担责任和后果。在日常生活中，一些家长在宝宝摔倒时，很惊慌地跑过去把他抱起来，又哄又揉，一个劲儿地怪地面不平或他人不好，把宝宝的责任推个一干二净，这样做不利于宝宝健康地成长。

父母的鼓励

萱萱摔倒或者受伤后，她表现得十分勇敢，安慰自己，应对挫折。妈妈总是在一旁给以关心、鼓励。久而久之，萱萱越来越勇敢了，能独立解决问题了。

父母应该怎样对待

鼓励宝宝自己爬起来

父母要培养宝宝的独立性和勇敢精神。在没有危险的情况下，父母不要去扶他，让他自己起来。他起来后，父母可以竖起大拇指表示鼓励，使他的行为得到正面的强化。

让宝宝自己行动

有的父母总是不敢放手，并且保持随时准备去扶的姿势，让宝宝紧张和不安，这样容易造成宝宝依赖和胆小的性格。只

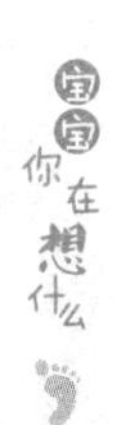

要没有太大的危险，就可以让宝宝自己行动。

➢ 父母不要过度紧张

当宝宝摔倒的时候，父母切忌惊慌失措地又是揉又是抱。宝宝本没有什么，父母的紧张让宝宝害怕起来，结果宝宝被吓得大哭。

➢ 不要过度保护

过度保护宝宝，会使宝宝的自我保护能力下降。例如，宝宝摔倒的时候，一般都会用两只手扶地；宝宝爬攀登架的时候，都会用小手牢牢地抓住架子。父母给予过多的扶持，会使宝宝这种自我保护能力下降，以至于有事情发生的时候，不能保护自己。

➢ 给予适当的安慰

父母应在宝宝摔倒后显出不在乎的样子，并用温和、肯定的态度告诉宝宝："没关系，摔倒了要自己爬起来。""勇敢的宝宝是不哭的。"如果宝宝受了点小伤，父母要注意给予宝宝适当的安慰，但一定不要过分。

16 我只要妈妈

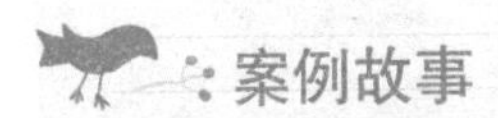

案例故事

爸爸喊："菲菲，爸爸给你热奶了。"1 岁 10 个月的菲菲说道："我不要爸爸热奶，我要妈妈热奶。""为什么？""妈妈有意思，爸爸没意思。"

妈妈很累，想让爸爸陪着菲菲睡，可是菲菲却说："不行，我不要爸爸陪，就要妈妈陪。"爸爸看着妈妈很累，继续努力争取道："爸爸陪你，还给你讲好听的故事。"可不管爸爸怎么说，菲菲就是要妈妈。

类似"要妈妈"的事情还有很多，比如穿衣服、喂饭、讲故事。菲菲的妈妈觉得很奇怪，其实菲菲平时也挺喜欢爸爸的。例如，上游乐场、动物园，玩某些游戏，她都跟爸爸玩得很好，可一到"关键时刻"，怎么就变成了非要妈妈不可呢？

2 岁的文文夜里要尿尿，疲惫的妈妈让爸爸起床帮忙。当爸爸抱起女儿的时候，女儿却哭喊了起来："我要妈妈，我要妈妈，不要爸爸抱。"边哭边打挺，结果尿没尿成，却把尿盆里的尿洒得到处都是，妈妈只好拖着疲惫的身体起床。

宝宝为什么会这样

宝宝真实情绪的直率表达

像菲菲和文文一样，很多宝宝在 1 ~ 3 岁期间都会强烈地依

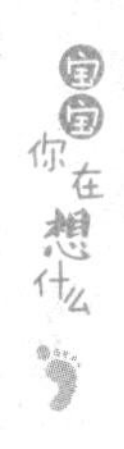

恋妈妈，排斥爸爸。这种现象很正常，也很普遍。在这一阶段，宝宝有时可能说“臭爸爸”或是“走开，我不要你”之类的话，爸爸们不免有些伤感，但请父母们记住这并不意味着宝宝不喜欢爸爸，也不意味着永远都是这样的。

➢ 宝宝更需要熟悉的人

宝宝的年龄越小，越需要时间和大人建立信赖关系，照顾他的人数也越受到限制。如与幼儿相比，婴儿就需要更长时间积累固定的经验，才能认识一个人。

妈妈一般比爸爸更温柔、更体贴，对宝宝照顾得更加细致。妈妈和宝宝相处的时间最多，一般来说，对于一两岁的宝宝，妈妈会投入更多的时间和情感来照顾他，满足宝宝吃、喝、拉、撒、睡等各种基本需求。

➢ 宝宝喜欢固定的“生活程序”

在这个年龄段的宝宝看来，周围的世界太大、太陌生，很多事情自己还无法预测。他希望这些熟悉的“生活程序”总是由同一个人去操作、执行，这会让他感到安全、有信任感。

父母应该怎样对待

➢ 父母分工

如果爸爸由于宝宝的拒绝而不能帮助照料，就可以多分担一些其他家务，减轻妈妈的负担。这种特殊阶段会非常短暂，很快就会过去。

在宝宝面前夸奖爸爸

爱宝宝，享受宝宝的爱是两个人的事情。妈妈不要在宝宝面前说爸爸的不是或斥责爸爸，不要过分表示宝宝喜欢自己，有时还可以有意识地在宝宝面前夸奖爸爸多么能干，帮助爸爸在宝宝面前树立威信。

妈妈不要大包大揽

妈妈切忌在照顾宝宝上大包大揽，觉得自己什么事情都能干，或者认为爸爸会“越帮越忙”。要知道，每一个人都有自己的做事方式，不能强求。要给爸爸留一点空间，让爸爸也能参与照顾宝宝。

给爸爸和宝宝创设独立空间

尽量给宝宝和爸爸创造一些他们单独相处的时间，如妈妈做饭，让爸爸带着宝宝在屋里玩耍，或者让爸爸单独带宝宝到公园玩。

爸爸每天下班回家后，要抽出一些时间主动给宝宝读书、做游戏，或者讲一些趣事。出差回来，可以给宝宝带一个小礼物，还可以给宝宝讲一些出差的所见所闻，当地的风土人情，以拓宽宝宝的视野……

➢ **扩大宝宝的交际**

父母应该定期带着宝宝和不同的人交往，增强宝宝适应社会的能力。

17 沙子真好玩

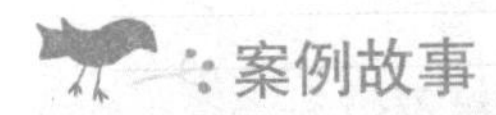

小花园里有一堆沙土，这里每天都会聚集很多1～6岁的小朋友。有的宝宝拿着一些器具，把沙子倒入不同的器皿中，有的往小锅里装沙土，有的用模子做各式各样的沙土蛋糕，有的用小铲子挖沙洞，还有的宝宝用手直接玩沙，建筑自己的城堡……个个都玩得兴高采烈，胖乎乎的小脸上洋溢着满足的笑容。

这时，妈妈带着穿得非常漂亮的莉莉路过这里。莉莉要玩沙子，妈妈却怎么也不放手，并跟莉莉说："莉莉，你一玩就把漂亮的衣服弄脏了。"可是莉莉仍然挣脱妈妈的手，跑到沙子旁边，妈妈一看，干脆抱起莉莉走了。

宝宝为什么会这样

沙土是宝宝最喜爱的玩具之一

沙土是大自然赐予宝宝的最好的、最廉价的玩具，也是宝宝最喜爱的玩具之一。宝宝可以按照自己的想法随意摆弄，从而体验自由与成功的快乐。因为它为宝宝提供了想象、创造的空间，所以宝宝能保持很长时间的兴趣。

但是也有些像莉莉妈妈那样的家长，不愿意让自己的宝宝玩沙，他们认为宝宝应该干干净净、漂漂亮亮，玩具应该是从商店买来的，总是给宝宝挑选漂亮的衣服和精致的玩具。这其实是非常错误的做法，错过了教育的良好时机。衣服脏了可以洗干净，但是教育的良机错过了可能就永远找不回来了。

➢ 玩沙土可以发展宝宝的想象力和创造力

宝宝通过玩沙，可以逐步了解不同状态的沙子的特点，发展感知能力。如干沙温暖而松散，宝宝可以把它抓在手中，让它从手指间流泻下来，并倾听它洒落的声音。湿润的沙子颜色会比较深，抓在手中，会感觉到有些凉且沉。宝宝还可以用沙土来搭建各种东西，如城堡、蛋糕、房子等。在玩沙的过程中，宝宝还可能会提出很多问题，与别的宝宝交流，发展他的语言交际能力。

➢ 玩沙可以很好地锻炼宝宝的感知觉

科学家们把宝宝玩沙、玩水的游戏称为“感知运动游戏”。他们认为，这种游戏能够很好地锻炼宝宝的感知觉，丰富其想象力和创造力，让宝宝从中获得无限的乐趣。

父母应该怎样对待

➢ 不要禁止宝宝玩沙

外出的时候，父母可以给宝宝带上小桶、小铲子、小勺等塑料玩具。当宝宝要求玩沙土的时候，不要拒绝宝宝，而要帮助他拿出所带玩具，选择干净的沙土，让他尽情地玩。

事先检查沙土是否干净

父母应该事先检查沙子是否清洁，沙土中是否混有尖锐的物品，如钉子、玻璃碴等，以保证宝宝眼睛和手的安全。

提醒宝宝小心

如果好多宝宝同时玩沙，父母应该让宝宝之间保持一定的距离。宝宝的动作还缺乏准确性，如果距离太近，可能会不小心把沙弄到对方的脸上、眼睛里或其他部位。

家中可以备上沙土

如果附近很难找到沙土，父母可以在家中备上一些沙土，例如，用旧浴盆装上沙子。宝宝想玩的时候，父母还可以将沙盆放在旧床单或浴巾上，以免洒得到处都是。不用时，可以把沙土盖起来。

父母参与玩沙

宝宝玩沙的时候，父母可以适当参与，如宝宝做蛋糕或建城堡，父母可以帮助他弄一些湿润的沙土，跟他一同建筑，还可以引导宝宝观察沙土，启发他不同的玩法，和他一同享受乐趣。

18 教我规范的语言吧

案例故事

洁洁1岁11个月了，会说话了。在路上，她看见汽车行驶而过，就说："嘀嘀来了。"看见一只可爱的小狗，她高兴地喊道："妈妈，汪汪来了。"看到小猫，她就说："这是喵喵。"她想坐汽车的时候，就说："宝宝要坐嘀嘀。"

原来，妈妈带着洁洁的时候，总是跟她说这样的话。例如，妈妈看见汽车了，就说道："洁洁，你看，嘀嘀来了。"当洁洁好奇地摸着车灯时，妈妈说道："这是灯灯。"看见小狗的时候，也总是对洁洁说："洁洁，汪汪来了，咱们不去看嘀嘀了……""来，给你球球。"

萱萱的妈妈总是用很正规的语言跟她说话，1岁10个月的萱萱说起话来非常准确。一次，妈妈用车推着她过一个台阶，她说道："妈妈，刚才差点把我摔了。"她看见外面的小树被风吹得摇来摇去，就说："北风呼啸，小树摇摇……"

宝宝为什么会这样

➢ 父母的教导和强化

有的父母认为用奶话跟宝宝交流，显得亲切、有趣，宝宝能更快理解。对一个不会说话的宝宝来说，教他说"狗"、"汽车”和教他说“汪汪”、“嘀嘀”是一样的。也就是说，宝宝记住“狗”和“汪汪”所花的时间是一样的，用正规语言和用奶话教宝宝花的时间是一样的，而奶话后面是要丢弃的。这样做白白浪费宝宝的时间，在宝宝的头脑中堆积语言垃圾，让宝宝绕了弯路，岂不是耽误了宝宝语言的发展?

➢ 1～3岁是宝宝学习语言的最佳时期

专家指出，1～3岁是宝宝发展口语、学习语言的最佳时机。如果错过了这段时间，将对宝宝的语言发展和智力发展造成不可弥补的损失。

语言的学习具有连贯性，前一阶段的发展必然会影响后一阶段的发展。语言又是宝宝学习知识和发展人际关系的基础，语言发展不良，会对宝宝的认知能力和社会生活能力产生不利影响。

父母应该怎样对待

➢ 从一开始就让宝宝接触正规语言

在宝宝的生命之初，父母就要用规范的语言与宝宝交流。语速有意识地放慢，发音尽量清晰，让宝宝能够正确接收语言信息。当宝宝开口说话时，你就会发现宝宝对语词的理解是很快的。

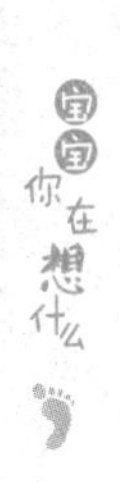

➢ 适度重复

最初使用正规语言与宝宝交流的时候，不要怕宝宝听不懂，宝宝学习语言是非常快的，只要在不同的情境下反复说上几遍，如“这是一本书”、“一本好看的书”、“妈妈跟你一起看书吧”等，适度地重复这一词语，宝宝就能很快理解。

➢ 让宝宝广泛接触各种事物

当宝宝接触事物的时候，父母可以在一旁告诉他，这是什么，那是什么，让他一遍又一遍地感知，他很快就能把这些事物与所说的名称联系起来，听懂并记住字音，为以后理解和说出这些词语做好准备。

➢ 注意语句简短，内容具体

跟宝宝说话，句子简短一些更有利于宝宝理解。如不要说“这是奶奶送给宝宝的新花衣服”，而要用简短的语句，“这是一件新衣服；是奶奶给宝宝的；你看，上面还有漂亮的花呢”。又如，当宝宝看书不太认真的时候，父母不要对宝宝说“你太不专心了，要认真点”，而应该具体地说“宝宝，你看，这是一个小蘑菇”。这样宝宝更容易理解和学习语言。

➢ 耐心地与宝宝交流，开启宝宝的智慧

宝宝不会说话，不等于听不懂别人说话。父母始终要有耐心，可以用自言自语的方式跟宝宝交流。如自己问：“这是什么花呢？”然后自己回答：“噢，这是迎春花呀！”宝宝开口讲话后，就会把早已储存在大脑中的东西表达出来。

12 妈妈，这样的数字真有趣

案例故事

彤彤1岁11个月，回家的时候，妈妈说："彤彤，今天你带路，找到我们家的门牌号，5楼501号。"彤彤高兴极了，一路上，不时地看楼房的号码，认识了很多楼的编号，还找到了自己的家。去朋友家，妈妈也会告诉彤彤朋友家的门牌号，然后让彤彤一一去找，直到找对门牌号。彤彤非常喜欢这种游戏。有时候，妈妈还让她看路边车子的号码，观察它们的不同。在家里，妈妈常常让她来发小西红柿、糖果，如"分别给妈妈、爸爸、爷爷、奶奶3个西红柿，2颗糖"。如果她想到小朋友家玩，妈妈就告诉她小朋友家的电话号码，让她拨电话。久而久之，彤彤对数字非常敏感。

跳跳的妈妈非常急于教跳跳数学，跳跳2岁的时候，妈妈总是让他练习数数，背诵10以内数的加减法，唯恐宝宝将来学习落后。每次妈妈教他数字的时候，跳跳都非常烦躁，常常心不在焉。妈妈说，跳跳对数学根本就没有兴趣，将来数学能力肯定很差。

宝宝为什么会这样

➢ 受宝宝数概念发展水平的影响

了解不同年龄宝宝的认知发展水平，应该是父母对宝宝进行数学启蒙教育的前提。以“数的概念”和“逻辑关系的概念”为例，年龄不同，能力发展也不同。如2岁的宝宝会判别多和少，3岁左右的宝宝基本上能掌握初步的数概念，3～5岁的宝宝能从1数到5，并且知道顺序，可以用实物表示1～5，会做简单的分类和单纯的序列游戏……1岁多的宝宝可以练习分类，认识图形、颜色、大小等，为学习数学作准备。

➢ 数学本身具有抽象性

数学是宝宝认识、理解世界的重要工具。但与美术、音乐类的学习相比较，数学学习是枯燥的。直接教授，宝宝不仅学起来困难，而且容易产生挫折感和厌倦。当然，生活中存在许多机会，可以用来教宝宝数的概念和数学思想。例如，吃饭的时候，每个人需要一只碗、一双筷子，让宝宝帮助发碗、发筷子，给每个人一个苹果，给每只小熊送一朵花等，以此来练习一一对应。

➢ 2岁左右可以对宝宝进行数前教育

从2岁左右就开始对宝宝进行数前教育，这对宝宝以后学习数学大有帮助。数前教育是在宝宝学习计数、认数、掌握最初的数概念之前，父母为他组织的数学教育活动。例如，父母可以在日常生活中随时随地问宝宝“这是几个”、“这是什么颜色”、“这是什么形状”等，引导宝宝观察。可以结合日常生活让宝宝学会比较，如爸爸比妈妈高，宝宝比妈妈矮，西瓜比苹果大，3颗糖比1颗糖多等，还可以让宝宝分辨冷和热、男和女等。

父母应该怎样对待

➢ 利用各种机会，引发宝宝对数的兴趣

抓住生活中的各种机会，引导宝宝走进数学，使枯燥的数学变成有趣的数学。如同上例中彤彤的妈妈那样，如果宝宝要到别人家玩耍，可以让他拨打电话，当宝宝打通电话，听到同伴熟悉的声音时，他会感到既好奇又兴奋。在享受乐趣的同时，宝宝对数字也会产生一种好感。让宝宝带路去寻找门牌号。在路上看到小气球、灯笼等宝宝感兴趣的东西，跟宝宝一起数一数。久而久之，宝宝就会对数字产生非常强烈的兴趣，还培养了宝宝的观察力。

➢ 通过游戏，巩固宝宝的数概念

宝宝在家中和妈妈一起玩游戏的时候，妈妈可以和宝宝对话，如“你的玩具车上有几只小狗呀？妈妈拿走一只，还剩几只”，等宝宝停下来的时候，妈妈还可以请他再数一数，看看小动物玩具是不是都在车子上。妈妈还可以夸奖宝宝：“带着这么多小动物出门，一只也没有丢，真会照顾他们。”在得意之余，宝宝会对数字产生更加浓厚的兴趣。还可以玩“小动物捉迷藏”的游戏，拿出宝宝喜欢的小动物玩具，然后藏起一只，问他还有几只。总之，只要父母细心、用心，就可以让宝宝沉浸在数字的欢乐游戏中，让宝宝在不知不觉中巩固数概念。

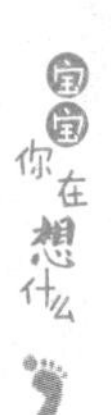

➢ 让与宝宝的生活密切相关的需求成为学习动力

可以把爸爸上下班的时间告诉宝宝。还可以给宝宝任务，如“你想什么时候出去玩？如果时间到了，你就提醒妈妈一声”。当然，刚开始，宝宝尚不能准确说出时间，但是可以说短针指到哪里，长针走到哪里，然后告诉宝宝这个时间的正确说法。还可以让宝宝在生活中寻找各种图形的物品，让宝宝分花生、糖块、苹果、梨等具体的实物，这样，宝宝在感兴趣之余，还能很快学会很多数学方面的概念。

➢ 把数学贯穿在宝宝的一日生活中，切忌枯燥

不要像例子中跳跳的妈妈那样，枯燥地教宝宝数学，这样容易引起宝宝的反感，而应该把数学渗透在宝宝的一日生活中。用零碎的时间，进行随机性、情境性教育。让宝宝在不知不觉中学习数学，并始终保持浓厚的兴趣。

20 那是宝贝的

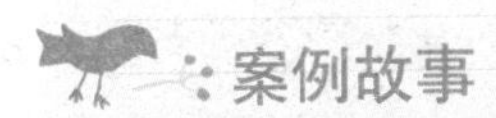

萱萱1岁10个月了，在外面玩的时候，总是要别人的东西。一天，她看见别人在跳绳，走过去就要和别人抢，还说："那是宝贝的。"妈妈说："那不是你的，你的跳绳在家呢。"可是不管怎么说，她就认定那个是她的。有时候，她出去玩，看见小朋友玩沙土，自己没带小碗小勺，过去就拿别人的，还说："那是宝贝的。"妈妈很纳闷：一向非常友好的萱萱，怎么变得不讲理了？

妈妈带着明明在外面玩，遇到小伙伴月月。月月的妈妈给月月一片叶子，说道："给你一面小红旗。"明明伸手就去拿，还说："这个是宝贝的。"妈妈给他一片树叶，他不要，非要月月手里拿的。他去华华家玩，华华拿了个小桶，他看到了就抢过来，妈妈说："那里还有一个呢，你拿这个。"他死活也不给，弄得妈妈一点办法都没有。回到家，妈妈说起刚才的事情，他说："那是别人的，不能随便要。"怎么回到家他就明白了呢？可是一到外面，他还是常常要别人的东西，弄得妈妈很没面子。

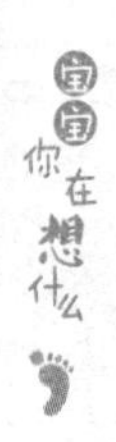

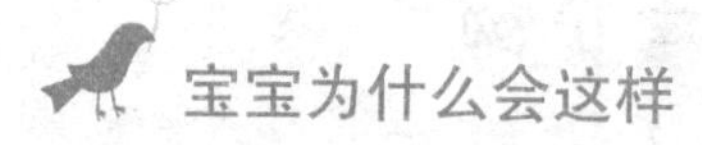

➢ 宝宝的好奇心所致

宝宝 1 岁之后，要别人的东西，是一种很普遍的现象，同样的东西，总是觉得别人的要比自己的好，其实这是宝宝的好奇心以及缺乏知识经验所致，并没有什么不良动机。随着宝宝年龄的增长，这种现象就会逐渐消失。

➢ 宝宝更喜欢感观上的分享

1 岁半以后，同伴在宝宝的生活中越来越重要，他非常乐意和同伴分享玩具、食物和发现，这成为他与同伴交往和游戏的基础。但是宝宝更愿意感观上的分享，而不是实物上的。比如宝宝有了好玩的玩具，喜欢让同伴看看、摸摸，但是并不给同伴。

➢ 宝宝喜欢相同的东西

幼小的宝宝非常喜欢与别人玩同样的东西，如别人玩小桶，自己也玩小桶，因此容易出现争抢。一般来说，当宝宝自己的需要得到满足时，更容易做出分享甚至慷慨的行为；反之，即使宝宝在父母的压力下做出了分享行为，他也会觉得痛苦和不情愿。

父母应该怎样对待

➢ 转移宝宝的注意力

当宝宝要别人的东西时，如果自己家里有，耐心地告诉宝宝:“你自己也有一辆这样的红色小汽车，很漂亮的。走，我们回家拿去（我们回家再玩）。”如果宝宝坚持要别人的东西，不妨转移他的注意力，宝宝的注意力是很容易转移的。比如，可以说:“宝贝，我们到小池塘边去看鱼吧，到那里找找小青蛙，那里也有很多小朋友呢！”如果宝宝非常喜欢别人的东西，而这种东西非常有趣，家里又确实没有，可以答应给宝宝买一个，并一定做到。

➢ 引导宝宝，切忌压制

当宝宝要别人的东西时，父母一定不要压制，压制会使宝宝产生“逆反心理”，即产生更强烈的要得到和了解它的愿望。宝宝要别人的东西时，妈妈可以温和地提醒宝宝，使他回忆与这种东西接触的体验（即回忆曾吃过或玩过的某种东西），因为在宝宝的认识活动中，表象很活跃，这种做法有助于解除宝宝的强烈要求。

➢ 启发宝宝交换玩具

宝宝出门的时候，带一两样玩具，当宝宝想要别人的东西时，告诉宝宝试着用自己的玩具和别人交换。教会宝宝用商量的口吻、友好的态度，征得对方的同意，这样不仅可以让宝宝

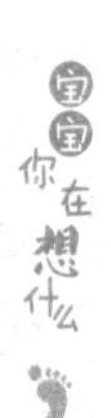

懂得如何和别人交往，还可以满足宝宝的好奇心，防止宝宝产生独霸玩具的心理。

➢ 增加宝宝的有关知识

通过比较，使宝宝知道自己手里的东西到了别人手里还是那个样子，不会变。如果明明家里有，可他偏要别人的，此时妈妈不要阻止，在宝宝接受了别人的东西后，让他与自己家里的作对比，让宝宝亲身体会到东西是一样的，以后宝宝就不会再犯同样的错误了。

➢ 让宝宝学会理解他人

真正的分享是建立在关心和体察他人的基础上的，因此宝宝首先要理解他人的情绪和思想，才能做出适宜的分享行为。比如，当宝宝不和同伴分享玩具时，不妨让他想想自己没有玩具时会有什么样的感受，鼓励他分享自己的玩具。

➢ 帮助宝宝在分享的同时满足自己的需要

不会分享的一些技巧，往往会给宝宝带来痛苦，使他体会不到分享的快乐，甚至可能会使宝宝以后排斥分享。父母可以在鼓励的同时引导宝宝进行分享。比如，宝宝有一个苹果，父母可以把它切小，让他和别人分享；宝宝有一个玩具，可以让他和别人一起玩，或每人玩一会儿等。如果宝宝发现和运用了一些分享技能，父母则可以帮助他总结并及时鼓励他，使这种技能得到巩固和发展。

➢ 给宝宝树立分享的榜样

给宝宝树立榜样，让宝宝进行模仿。例如，家里来客人时，把最好吃的和客人分享，给宝宝讲故事书中主人公因分享而得到快乐的例子，宝宝往往会在游戏以及和同伴的交往中进行模仿。

21 妈妈，我要按时睡觉

案例故事

晚上10点了，笑笑的妈妈、爸爸和同事还在打牌，笑笑这时候哭着让妈妈陪，妈妈说："自己玩去！"可是笑笑却怎么也不离开妈妈，并往妈妈怀里躺。妈妈手上的牌非常好，根本不想离开牌桌，烦躁地催促笑笑自己去睡。笑笑一看妈妈不理她，就去找爸爸，爸爸说："笑笑乖，先自己再玩一会儿，打完这手牌，爸爸给你讲故事。"笑笑烦躁不安，看他们都不管自己，生气地把牌搅乱，四个人不得已才散去。妈妈正在给笑笑洗漱，笑笑就已经没精神了……

甜甜的爸爸妈妈每天都让她按时睡觉，一到时间就开始给她洗漱。洗完后，甜甜就躺在床上，妈妈给她讲两三个故事，然后甜甜就在一段轻松舒缓的音乐声中入睡。

"都晚上9点半了，凯凯快点把玩具收好，要睡觉了。"妈妈大声说道。凯凯不干，妈妈过去利索地收好玩具，可是凯凯却哭开了："你赔我的房子，你赔我的房子。"他让妈妈再给他搭一个那样的房子。妈妈厉声说道："你知道不知道，该睡觉了，真烦人！"不由分说揪着凯凯就开始洗脸……

宝宝为什么会这样

➢ 宝宝有自己的生物钟

宝宝有自己的生物钟。一般来说，白天小睡时间，一般为2个小时左右。1岁半的时候，每天睡眠大约为14个小时，2岁左右每天睡眠大约为12个小时。2岁的宝宝一般在晚上八九点钟上床睡觉为宜，早晨六七点钟起床。

➢ 宝宝需要固定的生活程序和稳定的习惯

宝宝睡觉最好有一个固定的程序，每天都有条不紊地进行，这样每天只要一开启这些程序，宝宝就知道要睡觉了，不仅宝宝有安全感，还能够培养宝宝良好的睡眠习惯。但是到了周末，一些父母会因为自己的娱乐活动等，允许宝宝熬一会儿夜，甚至像案例中笑笑的妈妈、爸爸那样一味地考虑自己的兴致，而破坏了这一程序，这样不仅使宝宝当时产生不快情绪，而且不利于维持宝宝稳定的程序和习惯。

➢ 宝宝需要一定的独立性

很多父母总是希望宝宝按照自己安排的节奏该吃吃、该睡睡，但宝宝往往不会乖乖听命。宝宝非常希望表现出自己日益强大的独立性。他不希望听到别人说“你该上床了”。但是，如果让宝宝明白在睡觉的事情上妈妈是不可让步的，那么他按时睡觉可能就变得比较容易了，不至于出现案例中凯凯那样的现象了。

父母应该怎样对待

➢引导宝宝，让宝宝接受建议

到了宝宝要睡觉的时候，妈妈不要强迫宝宝，而要引导宝宝，如“宝宝现在该睡觉了，明天再搭房子吧，睡好了觉，咱们更有精神盖一个更好的房子”。这样引导，宝宝就会很容易接受父母的建议，宝宝接受建议后，妈妈还可以适当给予肯定。

或者提前告诉宝宝：“咱们再玩5分钟，指针到那里我们就要收拾玩具。”一般来说，提前告诉宝宝，他有了心理准备，到了收拾玩具的时候，他往往能够接受。这样能让宝宝身心愉快地进入下一个阶段——睡眠。

➢形成固定的睡觉程序

入睡前半个小时左右，妈妈应让宝宝安静下来，不看刺激性的电视节目，不讲紧张可怕的故事。睡觉前，给宝宝洗漱，让他小便，防止他因为有尿不易入睡或尿床；拉好窗帘，给宝宝讲故事；让他听一些舒缓的音乐，并把宝宝喜爱的玩具放在他的身边；把宝宝脱下的衣服整齐地放在相应的地方；轻轻亲吻宝宝，还可以和蔼地说：“宝宝，睡吧，做个好梦……”这样宝宝会非常安静地睡觉。

有时候宝宝白天有什么兴奋的事情，晚上要允许宝宝讲。如白天去了动物园，宝宝晚上可能要给妈妈讲一些动物，这时候，妈妈就要做一个认真的倾听者，等宝宝累了，他就会自然而然地入睡。

按时上床、起床，让宝宝逐步形成稳定的习惯。

➢ 安抚难以入睡的宝宝

不能自动入睡的宝宝，妈妈要给予语言安抚，但是绝不迁就，要让宝宝依靠自己的力量调节入睡前的状态。不要用粗暴、强制、吓唬的办法让宝宝入睡。有的宝宝怕黑夜，可以在床头放一盏台灯，这有利于宝宝安然入睡。

➢ 尊重宝宝的睡姿

1 岁以后的宝宝已经形成了自己的入睡姿势，要尊重宝宝的睡姿，只要宝宝睡得舒适，仰卧、俯卧、侧卧都是可以的。如果宝宝刚喝完奶就要入睡，宜采取右侧卧位，这有利于食物的消化吸收。若宝宝睡的时间较长，可以帮助他变换姿势。

➢ 妥善处理宝宝夜间惊醒、哭闹

有些宝宝夜里睡眠不安，易惊醒、哭闹，父母便立刻将其抱起来又拍又哄，让其再度入睡，结果宝宝很快习惯了在父母怀里睡眠，不拍不哄便不再入睡。

对偶然出现的半夜哭闹，要查明原因，如白天宝宝受了委屈，听了惊险的故事，睡前吃得过饱，或饥饿、口渴、尿床、内衣太紧等，以致躯体不适，以及肠道寄生虫或其他原因导致的腹痛，呼吸道感染导致的鼻塞等，给予相应的处理。若无身体疾病，则应改变其睡眠环境，如让宝宝独睡。如果宝宝夜间醒来，父母应克服焦虑情绪，不宜过分抚弄宝宝，也不要烦躁或发脾气，则宝宝夜间哭闹会自行纠正过来。

3 岁宝宝的行走和跑跳渐渐熟练自如，他能用脚踢球，用手取拿东西；对“说”和“听”表现出高度的积极性；对过去的人或事物表现出惊人的记忆力，能够基于记忆对目前的事情直接做出反应；情绪情感进一步分化和丰富：常常因为目的达不到而表现出愤怒和不满，也会因为愿望实现而高兴；喜欢与小朋友做游戏、玩耍；喜欢模仿别人，以自我为中心，与小朋友玩耍时容易发生冲突等。

2-3岁

01 让我自己玩好吗

案例故事

瑶瑶2岁1个月了，她拿着皮球在楼前玩耍。玩着玩着，皮球滚到了一边，她跑过去刚要捡，妈妈喊道："宝贝，别过去，妈妈捡，地上有石头，别磕着。"妈妈跑过去捡回皮球，放到她的手里。一会儿，皮球又滚到停着的一辆汽车旁边，她刚要去捡皮球，妈妈又说："宝宝，站在那儿别动，妈妈给你捡，小心被汽车碰着。"

瑶瑶觉得没意思，放下皮球去玩小铲，刚铲了两下，妈妈说："小心，别把土弄到衣服上。"她把土倒进小桶，妈妈又说："哎呀，宝宝，别把土弄到鞋子里。"

瑶瑶站起来，妈妈又说："你蹲下玩，小心铲子弄到眼睛。"妈妈寸步不离，瑶瑶虽然一直在玩，但脸上没有任何表情。玩了一会儿，妈妈说道："走吧，玩了好半天，我们去买东西吧。"

从此以后，瑶瑶干什么都觉得没意思了。

宝宝为什么会这样

➢ 宝宝的独立意识受到削弱

宝宝进入2岁之后，求知欲望大增，动作能力发展得很快，能较稳当地行走和跑动，也能够踢球、玩球、尽情地玩沙土等。

由于动作的发展，他们更是什么都想试一试，以证明自己的能力。

宝宝在成长过程中要学会走、跑、跳，以及很多本领，这些动作本领都要通过宝宝自己参与、实践、练习才能学会，不是家长能包办代替的。也正是在实践与学习的过程中宝宝的身心得到了发展。

父母的过分保护

过分的保护、干预会使宝宝在动作方面发展落后，在情感上也会受到不同程度的伤害。长此以往，宝宝在生活中就会常常有自卑感，不合群，变得胆小和懦弱，以至于害怕所有事情，没有勇气面对生活中的困难与挫折。这样不仅剥夺了宝宝学习、锻炼的机会，而且让他更加无法面对危险。在否定中成长起来的宝宝，一遇到事情就会驻足不前，缺乏自信。

父母的心理原因造成的

父母总认为宝宝弱小，缺乏自我保护和防御的能力，处处需要照顾和呵护，总是以宝宝保护神的身份出现，却忽视了宝宝动作、心理的发展，以及宝宝在不断成长的实际情况。

尊重宝宝的独立意识

无论宝宝多小，也要把他看作“顶天立地”的人，培养他的独立意识，设法帮助他成功。例如，瑶瑶的皮球滚到别处，妈妈应该鼓励她自己捡回来，而不应该阻止她或代替她去做。如果她安全取回了皮球，可以伸出大拇指，说："干得不错，自己拿回了皮球！"让她体验到成功的喜悦，产生继续做事情的愿望和勇气。

➢ 充分信任宝宝

让宝宝做一些力所能及的事情，并相信他能做好。在他做事情的时候，不要过于苛求，即使他没做好，也不要紧，不要只看结果，而要注重他参与的过程。例如，妈妈应相信瑶瑶能够把球捡回来，用正面的话给予她鼓励，这样她在得到信任的同时，也会产生做事情的勇气。我们在与宝宝的交谈中尽量不要用"别、不要"这种消极否定的词语，应用正面、积极、鼓励的语言。例如，"瑶瑶自己能把球捡回来，好样的！""瑶瑶把土都铲到了小桶里，很能干！"妈妈正面的鼓励，会让宝宝非常自豪，觉得自己很能干，从而变得独立和自信起来。

宝宝的年龄小，需要家长的保护，但我们在保护过程中应考虑到宝宝的年龄特点、需求以及身心的发展。既要给宝宝安全感，又不能过分限制宝宝，保护要适度。只要宝宝能做到的事情就让他自己做，时时鼓励、肯定、信任宝宝，解放宝宝的手脚，让宝宝有更多的机会去体验、去闯荡，在活动中体验快乐，增强自信，从而健康成长。

➢ 给宝宝锻炼的机会

家长不要过分保护宝宝。通过游戏活动，宝宝能发展肢体协调能力，随着不断探索和实践，在玩的过程中他就会渐渐知道如何避免可能发生的危险，学会自我保护。就像宝宝自己练习走路一样，摔倒时，知道手臂先着地来保护自己。如果他缺乏这方面的保护意识，父母还可以告诉他怎样做，切忌过度保护。

➢ **给宝宝适当的支持**

帮助宝宝学会忍耐和克服困难，适应环境。如果案例中的瑶瑶在捡球的过程中，不小心摔倒，磕着了膝盖，家长不要大惊小怪，而要让她自己爬起来，告诉她没关系，这种伤痛会渐渐好起来的。宝宝在成长过程中免不了遇到磕磕碰碰的事情，可以说，事故是不可避免的，宝宝需要学会忍受生活中的伤痛，在挫折中逐渐坚强起来。

02 我还想听《丑小鸭》

案例故事

贝贝2岁了，她非常喜欢听故事。晚饭后，她又拿出《丑小鸭》这本故事书，说道："妈妈，我还想听这个故事。"妈妈说："这个故事都讲了七八遍了，换一个故事吧。""我就要听《丑小鸭》。"贝贝固执地说道。

其实贝贝早就会讲这个故事了，她有时还自己拿着这本书讲上一通。妈妈感到奇怪：她怎么总是没完没了地读一本书呢？记得前一阵子，她总是让妈妈讲《大馅饼》，妈妈不知讲了多少遍，贝贝才换了这本《丑小鸭》，结果现在她又痴迷上这本故事书了。

2岁半的萌萌从幼儿园回到家，总是反复地跟妈妈玩一个游戏。妈妈都烦了，可是她仍然乐此不疲。

近来，萌萌还非常爱说"我打你"，自己一生气就来这一句。妈妈给她讲道理，无济于事，爸爸吓唬她，她还说个不停。

宝宝为什么会这样

重复是宝宝探索和掌控周围世界的一种方式

重复地做一件事情是1～3岁宝宝的行为特点。宝宝不在乎重复及单调。他本身丰富的想象力可使单调的讯息成为有趣的情报。对于短短的讯息，即使一再重复，他也不会觉得厌烦。

宝宝最喜欢简单而重复的电视广告，对那些趣味相同的卡通人物更是百看不厌。这是成人永远无法理解，也最容易疏忽的一点。其实幼教最重要的特点便是“重复”。

➢ 宝宝的知识和认知能力有限

宝宝的思维与成人的思维完全不同。宝宝无法接受长篇大论的教学，也没办法了解一连串的复杂变化。因此宝宝的教学课程一定要简短、单纯，用一再重复的方法来加深其印象。

➢ 宝宝在受到相同刺激的情况下可以展开丰富想象

宝宝思考的另一特征，是丰富的想象力和创造力。再简单的东西，只要合乎他的兴趣，他便能展开丰富、有趣的想象，一点也不会觉得单调无聊。

➢ 父母的态度与影响

父母不厌其烦地给宝宝讲同一个故事，宝宝也会越来越喜欢读书、听故事。反之，如果父母不愿意给宝宝讲故事，宝宝也会很快放弃读书的兴趣。

父母应该怎样对待

➢ 对宝宝的兴趣始终给予支持

对宝宝喜欢听的故事，爱玩的游戏，父母始终要给予支持，

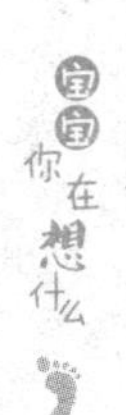

不厌其烦地给宝宝讲故事，或陪着宝宝一起玩。

➢ 转移宝宝的注意力

用一个更好玩的东西或游戏吸引宝宝，并且自己玩得非常高兴。如父母可以拿着用易拉罐做成的“章鱼”在一旁玩，并说：“这条‘章鱼’真有意思，它还会蹦呢！”宝宝看到父母玩得津津有味，很快也会转移自己的注意力，跟着父母一起高兴地玩起来。

➢ 不必过度反应

当宝宝重复自己的不当行为或反复说不好听的话时，父母不要过度反应。如果过分注意，并总是批评他，反而会强化他的这种行为。如果不去理会他，他就会对这些东西慢慢失去兴趣。

➢ 尊重宝宝的选择

如果宝宝对某一个事物非常感兴趣，父母不妨在一旁认真地观察，不要去打扰宝宝。

➢ 适当提建议

有时可以给宝宝提供两种玩法，让宝宝自己选择，或委婉地提出自己的建议和想法。

03 妈妈，我怕黑影

案例故事

上午，妈妈带着2岁的萱萱上小公园玩。萱萱爬上滑梯后，突然说："妈妈，怕！"说着就要往回走。

妈妈说："萱萱，妈妈在这儿接着你。这就是一个滑梯，只不过高了一些，来，不要害怕。"

妈妈伸出双手，和蔼地看着她。她慢慢地坐下，从高处滑了下来。后来，她在妈妈的鼓励下又玩了一次滑梯，滑得非常好。继而她一次又一次地爬上去又滑下来，高兴得不得了。妈妈也伸出大拇指夸道："好样的！越滑越好了。"

下午，萱萱的球滚到了树荫下，她跑到树荫前面不敢往前走了。妈妈耐心地给她讲解，告诉她那是树的影子，所以颜色深了些，还自己走了过去。后来，萱萱也慢慢地往前走，自己捡回了树荫下的皮球。

萱萱的朋友鹏鹏也过来玩滑梯。鹏鹏走上梯子，离滑道还有一段距离，咕咚一下就坐下了。她的妈妈和小姨笑个不停。鹏鹏没扶两边的扶手，滑下来的时候一屁股就坐在了地上，她的小姨和妈妈不约而同地说："真笨！"后来，鹏鹏说什么都不玩滑梯了。

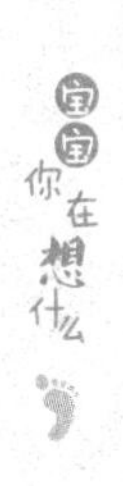

宝宝为什么会这样

➢ 害怕属于正常现象

如果宝宝在父母的鼓励下仍然非常畏惧，不敢玩滑梯或者做某件事，父母也不要责怪宝宝，因为宝宝的害怕属于正常现象，并非行为上的退步。

➢ 宝宝需要成人的鼓励来发展自信

2岁的宝宝已经脱离了婴儿时期，求知欲、好奇心极强，动作方面也有了很大的发展。他们不再躲在妈妈的怀里，想自己走出来做这做那。

萱萱和鹏鹏其实遇到了相同的问题，萱萱的妈妈对萱萱的做法给予鼓励，萱萱后来自己做得很好。但鹏鹏的家长顺嘴溜出了“真笨”这两个字，无意中伤害了鹏鹏的自尊心，使鹏鹏驻足不前。

➢ 宝宝的情绪容易受大人的暗示

积极的暗示，如“你很勇敢”、“你能做到”，能让宝宝产生高兴的情绪，然后表现出勇敢的行动；消极的暗示，如“笨”、“胆小”，会给宝宝带来负面情绪，使他不敢去尝试。

➢ 受父母评价的影响

宝宝刚开始并没有形成自我评价，而是接受周围人的一些评价。如果父母总是给予宝宝积极的评价，宝宝就会产生积极的心理，表现出自信和乐观的态度；如果周围人总是给予宝宝消极的评价，宝宝也会认为自己就是这样的人，遇到事情就会退缩，从而产生消极的心理模式。

父母应该怎样对待

➢ 设法帮助宝宝成功

这一时期，父母要格外注意培养宝宝的独立意识，设法帮助宝宝成功。当宝宝遇到困难时，父母应该鼓励他，如同案例中萱萱的妈妈那样，而不是指责他；当宝宝害怕的时候，不要嘲笑和轻视他，而应当给他勇气和力量。

➢ 给予鼓励和关注

鼓励、关注、微笑、拥抱、拍肩、竖起大拇指等，对宝宝非常重要。有时宝宝非常害怕做某件事情，父母也不必强求宝宝必须去做。

➢ 做宝宝的朋友

当宝宝遇到害怕的事情时，父母应该成为宝宝的朋友，给他抚爱和安慰，帮助宝宝消除害怕的心理。可以给宝宝讲自己小时候的事情，因为宝宝都喜欢听父母小时候的故事。告诉宝宝你小时候也像他那样，不敢玩滑梯或荡秋千，再告诉他自己是如何在父母的帮助下变得勇敢起来的，这样宝宝就会放松心情，如释重负。

> 循序渐进

当宝宝害怕做某件事情的时候，父母可以采取循序渐进的方式，让宝宝慢慢适应。如荡秋千，父母可以把宝宝放在秋千上，扶着宝宝慢慢摇荡，还可以在摇荡的过程中唱一些他喜欢的歌曲，使宝宝心情平静，然后逐渐加大摇荡的幅度。

> 给宝宝解释原因

如果某件家庭用具引起宝宝的惧怕，父母可以向他解释这是干什么用的，如何工作的。如同案例中由于有树荫的地方和没有树荫的地方颜色不一样，宝宝产生了恐惧的心理，父母就可以耐心地给宝宝讲解是怎么回事，以缓解宝宝的恐惧心理。

> 不要轻视宝宝

千万不要因为是小事而轻视宝宝的害怕情绪。如果宝宝把事情看得很严重，父母也应认真对待才是。如宝宝因为灯在墙壁上产生了一个影子而害怕，父母不妨移动一下这盏灯的位置，以消除这个令他不愉快的阴影。

041 阿姨，吃吧

案例故事

妈妈带着2岁的吉吉从外面玩了回来，刚进屋，吉吉就说："我要吃橘子。"妈妈和吉吉一起洗了手，刚要给吉吉剥橘子，吉吉说："妈妈，我会剥橘子。"然后自己就剥了起来。

妈妈到厨房和阿姨一起做饭。一会儿，吉吉跑进来把橘子递给妈妈，说："给妈妈一半。"妈妈说："谢谢我的宝贝。妈妈正渴得不得了呢！"然后吉吉又把她手里的橘子掰下一半，说："这一半给阿姨！"（小时工）阿姨说："不吃。谢谢吉吉。"吉吉又说："阿姨，吃吧！"

晚上，爸爸回来了。妈妈跟爸爸说起中午发生的事情。爸爸也夸奖吉吉大方，吉吉很高兴。

卫生间的灯坏了，爸爸站在凳子上换灯泡，吉吉看见了，赶忙跑过去扶着椅子，说："我帮爸爸扶着点。"

宝宝为什么会这样

父母的榜样作用

父母经常大方地对待亲人、朋友，宝宝耳闻目染，慢慢地也会形成慷慨大方的性格。

而且，父母对宝宝也是十分大方的。宝宝需要的东西，父

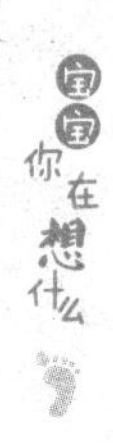

母总是能够及时满足他。他从未感到自己缺失什么东西，或者不容易得到自己所缺失的东西。如果自己经常缺这缺那，好不容易才能得到某个东西，那他不容易做到与人分享，更别说首先想到他人了。

➢ 父母的教导、暗示

在各种情境下，父母多次提示宝宝做出主动与人分享的行为。久而久之，宝宝自然会形成大方的习惯，在相应情境下做出惯性反应。

➢ 父母的正面强化

宝宝好的行为得到了正面强化。当宝宝递给妈妈橘子时，妈妈说："谢谢我的宝贝，妈妈正渴得不得了呢！"晚上妈妈又当着爸爸的面夸奖她，又进行了一次强化，使得宝宝知道这样做是对的。宝宝在大人的激励下，会做得更好。

宝宝的可塑性很强，道德观念是在点滴小事中培养起来的。

父母应该怎样对待

➢ 不让宝宝吃独食

在家中不管吃什么，都要让宝宝分给爸爸妈妈，让宝宝一开始就知道分享是必然的事情。如晚上大家围坐在一起吃蛋糕，让宝宝来给大家分，提示他先给爷爷、奶奶，再给爸爸、妈妈，然后拿给自己。

➢ 父母要大方

父母要教育宝宝大方、懂事，能主动把好吃的东西给别人吃，把好玩的给小伙伴玩。父母就要在这方面时时处处做出表率。例如，家里来了客人，启发宝宝拿来水果招待客人。又如，让宝宝发给每个客人一根香蕉；大人削了苹果，放在塑料盘里，让宝宝端给客人吃；根据宝宝的年龄，宝宝能做到的，就可以启发他去做。

➢ 让宝宝在家中做一些力所能及的事情

例如，妈妈可以经常有意识地让宝宝做自己的小帮手，帮助自己摘菜、收衣服、把纸屑捡到垃圾桶等。只要没有危险的事情，宝宝要做，妈妈就不要阻止他，尽可能让他去尝试，让他在做事情的过程中得到一种满足。

➢ 父母及时给予肯定、鼓励

当宝宝做出好的行为时，父母用什么方法去处理，也是很重要的。鼓励、肯定，可以激励宝宝，打击、否定或视而不见，则会起到一种反作用。如当宝宝主动帮爸爸拿鞋子、给阿姨搬板凳、与小朋友分享玩具的时候，父母就可以用语言或点头的方式鼓励、肯定宝宝的行为，起到强化的作用。

当然，宝宝在不同的年龄，在不同的心情下，会有不愿意分享的情况，这时候，父母注意不要当着别人的面批评宝宝，而是充分理解宝宝，过后再给宝宝讲道理。

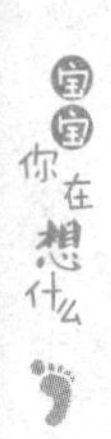

➢利用故事教育宝宝

父母可以给宝宝讲分享的故事，如“孔融让梨”的故事，还可以把宝宝当作故事中的小主人公来编讲故事，让宝宝从中受到教育。

05 妈妈，我考考你

案例故事

“萱萱，来吃小西红柿了，我们先看一看有几个，然后你来分给爸爸、妈妈和你自己，好吗？”

妈妈和萱萱一起数了数小西红柿，一共是6个。

萱萱开始分小西红柿。“爸爸2个，妈妈2个，宝贝2个。”

妈妈又拿来3个，给了萱萱1个，问她：“刚才你有2个西红柿，现在妈妈再给你1个，你有几个了？”

萱萱说道：“3个。”

然后，他们高兴地做着数字游戏。

2岁2个月的萱萱手里拿着几只小狗玩具。她先伸出一只手，问道：“妈妈，这是几只小狗？”

“2只。”妈妈答道。

她又伸出另一只手，把两只手里的小狗放在一起，问道：“这是几只小狗？”

妈妈回答说：“3只小狗。”

她说：“对。”

过了一会儿，她又来考妈妈，妈妈故意答错。

她立刻说道：“是3只小狗。”

小家伙还会出题了。妈妈连忙鼓励她，让她去考一考爸爸，她兴冲冲地拿着小狗去和爸爸玩出题的游戏。

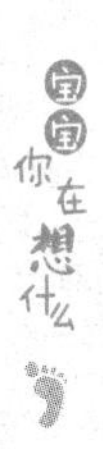

宝宝为什么会这样

➢ 受宝宝的认知发展特点影响

数概念的学习是开发宝宝智力的重要途径。以数的概念和逻辑关系为例，2 岁的宝宝会判别多和少；3 岁的宝宝会从 1 数到 5，会做简单的分类和单纯的序列游戏……不过，此时，宝宝对数的认识还停留在具体的感知水平上，需要有具体事物的支持。

➢ 问题情境有趣

数学是一门比较抽象的学科，内容较丰富，主要有分类、数概念、形体、测量等。对幼小的宝宝来说，主要是培养他亲近数学的情感。父母结合具体问题情境，与宝宝讨论宝宝需求中所隐含的数学问题，激发他对数字的兴趣。

➢ 父母有意识的数教育

数的运算需要理解数的逻辑关系，这依靠抽象思维而获得。从 2 岁左右就开始对宝宝进行生活中的数教育，有助于宝宝理解抽象的数概念，对宝宝以后学习数学大有帮助。

引导宝宝对数的探究

对宝宝的数学教育，最重要的是在适宜的环境中，调动宝宝的好奇心，让宝宝获得大量的学习和自主探究的机会。“宝宝，你看小床上有几只气球？”“来，看看这个车牌号。”“宝宝，你领着妈妈回家好吗？看看门牌号。”……要把数学教育渗透在宝宝的日常生活之中。父母要引导宝宝从生活中走进数学，使枯燥的数学变成有趣的数学。

结合生活需求，培养数字意识

宝宝爱吃水果，妈妈就可以把水果分成小块，让宝宝数一数妈妈切了几块水果，然后让宝宝分给大家。

与宝宝玩数字游戏

游戏是宝宝最喜欢也是最好的一种学习方式。例如，当宝宝的车里放着小动物玩具的时候，父母可以问宝宝：“你的车上有几只小动物呀？有一只小动物掉了，车上还有几只呀？”宝宝会非常感兴趣，并乐于接受，数字在宝宝的面前也就不再那么抽象。

多鼓励，少责怪

父母多鼓励宝宝参与简单、有趣的数学活动，肯定宝宝微小的进步。绝不可高标准要求宝宝，更不能拿自己的宝宝与别

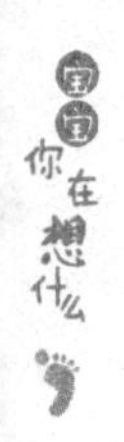

的宝宝攀比。下面这位妈妈的做法要引以为戒。习习的妈妈正在教习习数学方面的知识。她问道："习习，3后面是几呀？"习习摇摇头，不知道答案。妈妈又接着问："那2后面是几呀？"习习又摇摇头。妈妈发愁了，对另一家长说："你说，这孩子都快3岁了，怎么还这么笨呀，教了她好几次都不知道。这以后可怎么学习呀！"绝不可像习习的妈妈那样，很僵硬地教宝宝数的知识。枯燥的方法，非但不能调动宝宝学习数学的热情，反而会挫伤宝宝的积极性。

06 妈妈，你不许抱他

案例故事

妈妈带着2岁多的乐乐在外面玩耍，看见了8个月大的容容。妈妈一边夸容容可爱，一边抱着容容逗她玩。

乐乐看见了很生气，说道："我不要妈妈抱容容，妈妈只能抱我。"

妈妈觉得很奇怪，以前妈妈抱谁，他都无所谓，现在怎么越来越小气了？乐乐边喊边拉妈妈的手，让妈妈抱他。

后来，妈妈发现在外面就连叫一声别的孩子，乐乐都说："妈妈，你别叫他。妈妈，快走。"

有时在家里，妈妈和爸爸一提起别人，他就很粗暴地打断妈妈和爸爸，说道："你们说的那个人是我，不是甜甜。"妈妈只好改口说："对，是乐乐。"

妈妈想，这么小就有这么强的忌妒心，大了可怎么办呢？一个孩子就是"独"。

妈妈带着3岁的依依到她小姨家玩，给弟弟买了一盒水彩笔，依依看到了，大声哭道："我还没有呢，你为什么只给弟弟买水彩笔，不给我买？"

妈妈说："你怎么没有呀？你的笔在家里呢！"

依依仍哭个不停，边哭边说："我就是没有，我也要。"

妈妈考虑到依依有水彩笔，就给她买了小盒的。

依依把小盒水彩笔摔在地上，边哭边说道："妈妈你为什么给弟弟买大的，给我买小的？你喜欢弟弟，不喜欢我了。"

这弄得妈妈真不知道怎么是好，妈妈觉得平时没有对女儿不好呀。

宝宝为什么会这样

➢ 宝宝的情感比以前更丰富

2～3岁的宝宝开始产生强烈的忌妒心理，这说明宝宝的情感世界更加丰富了。和宝宝从“无私”到“自私”的心理发展一样，宝宝刚开始可以与人共享玩具，但到后来特别护着自己的玩具，都属于比较正常的心理发展过程。

➢ 宝宝认识上的偏差

宝宝的心理发展尚不成熟，不能客观理智地认识到，爸爸妈妈虽然爱别的小朋友，但是也非常爱他。当宝宝看到妈妈把对自己的那份爱和热情给了别的宝宝时，猜想自己失去了妈妈的爱，感到情感上的失落和自己在父母心里地位的动摇，从而产生忌妒心理，表现出不安和气愤的情绪反应。

➢ 宝宝不满情绪的发泄

有时，宝宝的忌妒心理是“好胜心”引起的。妈妈希望宝宝像邻居的晴晴一样爱看书，就夸奖晴晴爱看书、认识字，还想把晴晴邀请到自己家里玩耍。宝宝可能误以为妈妈因为他不看书、不识字而不爱他了，想把妈妈“夺回来”，同妈妈对立，发泄自己的不满情绪，补偿和平衡自己内心的恐惧和空虚。

➢ 无意识的挑逗

有时，父母或他人跟宝宝开玩笑：“龙龙弟弟真好玩，把龙龙弟弟抱到咱们家，你去龙龙家吧。”大人知道这是玩笑，但宝宝却不会开玩笑，他把这一切都当真的，以为父母真的不喜欢自己了。

父母应该怎样对待

不跟宝宝对立

当宝宝说“妈妈，你不许抱小妹妹，只能抱我”的时候，父母千万不要跟宝宝对立，或用激将法，说“我就抱她，妈妈喜欢她”之类的话。这往往会激发宝宝更强烈的忌妒心理，甚至使宝宝产生打人、咬人等消极的行为。

不要拿自己的宝宝跟其他宝宝攀比

父母绝不要拿自己的宝宝与别的宝宝攀比，尤其当着外人的面说某个宝宝比自己的宝宝强之类的话，这容易使宝宝产生消极心理。

不要跟宝宝开玩笑

当宝宝委屈、恼怒的时候，父母不要认为宝宝小，说说也无妨，而跟宝宝开玩笑，如“你太不懂事了，我要小妹妹，不要你了”。宝宝有时候无法辨别父母说的是真话还是玩笑话，他会感到更加痛苦和无助，从而产生一种自卑心理。

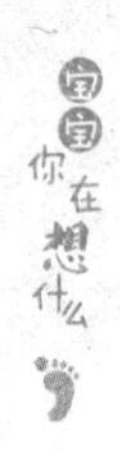

➢ 向宝宝表达你爱他

父母可以暂时把抱着的宝宝交还给别人，然后微笑地对自己的宝宝说:“妈妈爱你，也爱小妹妹，来，妈妈抱抱你，我的宝贝！”对宝宝的这种接纳和肯定，会使宝宝有一种安全感。宝宝从中感到：不管父母多么喜欢别的小朋友，他们依然是爱自己的；即使自己做错了事情，父母仍然是爱自己的。过后，父母还可以跟宝宝讲:“你小的时候，阿姨也常常抱你，她很喜欢你。我想，你也非常喜欢那个小妹妹吧。”

➢ 送其他小朋友礼物前同宝宝商量

当父母要送给别的宝宝礼物的时候，可预先和宝宝商量一下。例如，父母可以问宝宝:“今天姨妈家的亮亮过生日，妈妈要给他买一个小礼物，你说买一个书包还是买一本书呢？”宝宝通常会在这里面选一项。如果他不同意，让他表达出他的想法，以尊重的态度理解宝宝，并对其进行引导。

07 你不答应我就哭闹

案例故事

伟伟脾气很大，扣子解不开了，就大叫大嚷，积木倒了，也大声哭闹。有时跟妈妈要什么东西，妈妈没有给他，他就尖叫、哭闹，满地打滚。妈妈给他讲道理，他也不听；妈妈体罚他吧，他的哭声更高。妈妈一点办法也没有，只好经常顺着伟伟。

洋洋在外面玩耍的时候，喜欢上了嘟嘟的银灰色遥控车。临走的时候，他偏要嘟嘟那辆遥控车，妈妈告诉他："那是嘟嘟的，你不能要别人的东西。再说，我们家里不是也有遥控车吗？"可洋洋就认定了那辆遥控车，不让他拿，他就坐在地上大哭起来，不管妈妈怎么劝他也不听。妈妈灵机一动，趴在洋洋的耳边悄悄说道："洋洋，快起来，妈妈要带你去一个你最喜欢的地方，看你能不能猜对……快起来吧，要不然该看不到了，你赶快跟着我走。"洋洋看着妈妈很神秘的样子，停止了哭声。后来，妈妈带着洋洋去看了他最喜欢的小金鱼。

宝宝为什么会这样

宝宝疲劳或受了挫折

宝宝感到饿了或困了的时候，脾气就会变得暴躁。

宝宝的自我意识开始发展，有了独立做事的愿望，但是能力却不及，因此要发泄受挫带来的一些不良情绪。

➢ 自我控制能力差

宝宝以自我为中心，缺乏足够的自我控制能力，有时他弄不清楚父母为什么要拒绝他的要求。

随着宝宝年龄的增长，他的理解力以及自我控制能力都会逐渐增强，也就不会大哭大闹地发脾气了。

➢ 不能准确表达愿望

宝宝虽然会说话了，但是有时不能准确地表达自己的需求或不舒服的地方，得不到大人的理解，就会出现着急、发脾气的现象。

➢ 父母的不良强化

在生活中，当宝宝提出无理需求的时候，父母起初没有答应，宝宝随即哭闹，父母迫于无奈只好答应他的要求。之后，宝宝就会经常使用这个“法宝”，以满足他的无理需求。

父母应该怎样对待

➢ 关注宝宝的身体情况

如果宝宝平时脾气挺好，只是最近一段时间动不动就乱发脾气，父母一定要先观察一下，宝宝是不是生病了，或作息时间是否安排得合理。

在安排某些活动时，要尽量避免宝宝疲劳的时候。例如，逛商场要避开宝宝午睡的时间。

用言语或动作加以安慰

父母不同意宝宝的要求，并不代表不理解他的心情。必要时，可以把宝宝抱在怀里，用你的怀抱帮助宝宝冷静下来。父母千万不要和宝宝硬碰硬，这样只会适得其反。宝宝的自我意识开始形成，父母过分严厉只能增强他的反抗心理。久而久之，宝宝的脾气和父母的严厉管教将会形成恶性循环，增强他的逆反心理。

转移宝宝的注意力

宝宝哭闹的时候，父母一定要保持冷静。如果他有些情绪失控，父母可以介绍一些有趣的东西来转移他的注意力。例如，父母可以用比较惊讶的语调说发现了他喜欢的东西，以此吸引宝宝，消解他的不良情绪，或采取案例中洋洋妈妈的做法，突然用耳语跟他说一些悄悄话，来转移他的注意力。

外出的时候，父母可以给宝宝带一些饮料和小零食等，也可以用这些东西来转移宝宝的注意力。

让宝宝发泄情绪

当宝宝因拼插不好东西而发脾气，或者宝宝实在无法控制自己的情绪时，父母就干脆在一旁耐心、冷静地等候，听任他宣泄怒气，等到他平静下来再说。父母还可将宝宝移送到房间角落，并暂时离开他，也不要用目光、语言来注意他，让他感受到父母的冷淡和不高兴。在宝宝平静下来后，再与他讲道理、提建议或制定行为规则。

预防宝宝的无理要求，更不能满足其无理要求

为了避免宝宝因为没有满足其无理要求而发脾气，父母可以有意让他担任某一活动的主人，承担一项简单任务。例如，在去商店之前，父母告诉他要买的东西，让他提醒妈妈别忘了买什么东西。带着任务，他会感到很自豪，很认真地记住你所说的物品。回到家，还要给予宝宝言语上的夸奖和小红花等奖励。或先让宝宝吃些刚买来的东西，并告诉他妈妈为什么要奖励他。

在从事某项活动（如到商场买东西）之前，父母可以提前对宝宝提出一定的要求，预防他提出无理要求。例如，可以告诉他，“我们到商场只买一样东西”或“我们到商场去买两本书”。还可以请他重复一遍，以确定宝宝明白了要求。

宝宝一哭闹，父母就心软了，无条件地满足他的要求，这反而会强化他的不良情绪。他慢慢认识到，只要脾气耍得够大，就能达到目的。

给宝宝思考的时间

如果宝宝脾气大，父母不要指望用一句命令性的话止住他的脾气。父母要向他耐心地解释为什么不能答应某个要求，然

后再看看有没有更合理的解决方案，并且给他充足的时间来思考、冷却。也可以利用自然后果法进行处理。例如，宝宝因生气而砸、扔玩具，父母可当着宝宝的面，把所有他扔掉的玩具放到废物收集箱中，使宝宝承担没有玩具玩的后果。这样可以避免火上浇油，以及宝宝为所欲为。

08 天为什么会黑呀

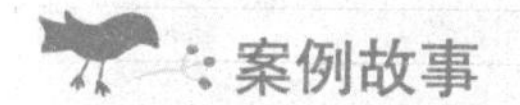

案例故事

明明2岁5个月了，他总是喜欢没完没了地问为什么。晚上，明明又问妈妈："天为什么会黑啊？"

妈妈："因为太阳落山了。"

明明："那么多山，落到哪座山去了？"

妈妈："嗯……"

2岁10个月的朵朵看见妈妈在洗杯子，她跑过来问："妈妈，你为什么要洗杯子？"

妈妈："因为杯子脏了。"

朵朵："杯子为什么会脏呀？"

妈妈："好久没人用了，杯子上有很多尘土。"

朵朵："哪里的尘土呀？"

……

宝宝为什么会这样

➢ 宝宝的好奇心驱使

宝宝对他所看见、所接触的事物好奇，产生怀疑，然后发问，是非常正常的现象。许多研究者统计表明，宝宝一旦开始说话，10% ~ 15%的语言中包含提问；宝宝在幼年期间所说话语中，11%~20%属于提问。

有学者说，人的童年提出他整个一生的问题，要找到问题的答案却需要等到成年。由于生活阅历的不足、知识经验的缺乏，宝宝对周围的一切都持有疑问，感到好奇。天生的好奇和强烈的求知欲所激发的好问精神，让幼年时期具有独特的生命价值。

➢ 宝宝思维的结果

宝宝的提问，往往包含着他对客观事物的观察，对事物之间的各种联系的探求，是宝宝思考、想象、分析和判断的结果。

心理学研究表明，儿童时期经历了两个好问期。第一个好问期从1岁半开始，3岁前达到高峰。第二个好问期从3岁之后开始，七八岁达到高峰。宝宝经常将父母作为最可靠、最有权威的百科全书来看待。

➢ 宝宝热爱生活的表现

提问反映了宝宝对外界事物的热爱和执著，提问反过来又促进他思考问题。心理学研究表明，提问可促进孩子的思维能力、语言能力和交流能力的发展。

宝宝的提问固然源于天生的好奇，但更与后天的教养有关。大发明家爱迪生小时候就喜欢问为什么，他的母亲充分肯定了他敢于发问的精神并加以培养，最终使他成为举世闻名的大发明家。

父母应该怎样对待

➢ 重视宝宝从小开始提问

从宝宝尚不会说话起，父母在日常生活中与他展开对话，就可以采用自问自答的方式，向他介绍所看到事物的各种关系、前因后果、来龙去脉，以激发他的好奇心，促使他形成主动联想、思考和提问的习惯。

有的父母可能感到困惑：宝宝小时候还挺喜欢提问的，怎么越大越不愿开口了？是不是他没有问题了？其实，没有问题才是最大的问题。许多研究表明，从幼儿园到小学、中学，孩子的提问次数急剧下降，而且宝宝在幼儿园的提问要少于在家里的提问，这不能不说是我们传统教育的遗憾。家庭教育更需要提前为宝宝的提问能力打下坚实的基础。

➢ 正确对待宝宝的提问

无论宝宝提出什么问题，父母都要认真对待，切不可掉以轻心、敷衍了事，更不可不懂装懂、回避、拒绝、斥责。让宝宝知道父母并不是万能的，也有不懂的问题，让宝宝知道世界上有很多奥妙和疑难，以此激发宝宝对世界的探索欲望。

面对宝宝的提问，父母最好放下面子，蹲下身子，跟宝宝搭个伴，认真地研究每一个有价值的问题。宝宝的提问正好给我们提供了一次寻回童心的良机。

➢ 鼓励宝宝提问

提问是宝宝的一种不自觉的学习方式，父母对此应该采取支持和鼓励的态度，充分利用宝宝渴望求知的机会对他进行各种教育。认真解答宝宝提出的每一个问题，并力求回答得生动、具体，使宝宝从小就能够享受到探索事物奥秘的乐趣。

启发、引导宝宝提问

当宝宝提出问题之后，父母可以和宝宝一起经历解决问题的过程，如查找资料、分析问题等，甚至还可以反问宝宝相关问题，先让宝宝猜测、思考。宝宝不仅获得了知识，还发展了终身受用的本领——善于发现问题并解决问题。比如，讲完《乌鸦和狐狸》这个故事，宝宝问了很多问题：狐狸为什么要吃乌鸦嘴里的肉？它为什么自己不找肉吃？……妈妈耐心解释，并让宝宝想一个办法帮助乌鸦再把肉夺回来，宝宝就会在妈妈的启发和帮助下想出很多解决办法。

常与宝宝交谈互问

父母是宝宝的最好榜样。父母与宝宝共处时，对他感兴趣的事情，要多花时间讲讲前因后果，多问他几个为什么，让他完整了解，产生诸多联想，这样下次遇到类似的事情，他才会有感而问，提出有价值的问题。如妈妈说："今天我们要去打预防针，打针有点疼，但是很快就会过去。你很勇敢对吗？"孩子问："为什么要打预防针？"妈妈回答："因为可以预防疾病，少得病，也就可以少打针了。"孩子又问："预防针是预防什么疾病的？"妈妈告诉他："这次打的针是预防乙肝的。"孩子不明白："乙肝是什么？"妈妈进一步解释："它是一种传染病……"

02 我就要买这个机器人

案例故事

一天，妈妈带2岁半的乐乐去逛商场，走到玩具柜台，他就不走了，嚷嚷着要买枪、买机器人。

妈妈说："乐乐，别买了，你都有好几个机器人、好几把枪了，等玩坏了再买。"

可是乐乐偏要买，妈妈不同意。他就地一坐，大声哭起来，还嚷嚷着："我就要买！"

妈妈劝说乐乐，乐乐反倒哭得更凶了。

很多人都会不经意地看乐乐一眼，弄得妈妈很不好意思。妈妈最后只好给乐乐买枪和机器人。

乐乐看见妈妈买了他想要的东西，就爬起来，不再哭了。

后来，乐乐经常是看到什么要什么。一旦要求没有得到满足，他就躺在地上又哭又叫。

仟仟最爱和妈妈逛商场了。妈妈每次逛商场的时候，都会在卖玩具的地方停留很久，让仟仟有很多时间观察那些他喜欢的玩具，甚至玩耍、摆弄一会儿玩具。妈妈在一旁观察或同仟仟一起玩玩具，偶尔妈妈给仟仟买一两样非常有趣的玩具。仟仟觉得很满足，从不大吵大闹要玩具，因为他已经摸过、玩过那些玩具了。

宝宝为什么会这样

➢ 这是宝宝最直接的一种表达方式

任性的宝宝有相当大的能量来控制父母或他人。这种宝宝为了达到目的，可能会无休止地纠缠、哭闹。

➢ 受宝宝自身的发展特点影响

每个人都喜欢触摸一些有趣的、吸引人的东西。小宝宝也不例外，他们常常被一些颜色鲜艳、好玩的玩具吸引，也想把它们拿过来看一看、摸一摸，但是父母生怕宝宝弄坏这些东西，或理解为宝宝要买东西，于是拒绝他看、摸，致使宝宝产生非要不可的愿望。

宝宝不能从自身的需求出发，也不会考虑自己是否有这样的东西，自控能力较差。

➢ 家长的无意强化

宝宝哭闹是他与父母进行斗争的一种手段。如果他发现自己坚持，父母就会妥协，他就会继续使用这种策略。一旦自己的要求得不到满足，往往会用哭闹来达到目的。父母的妥协与让步实际上是对宝宝哭闹行为的强化。

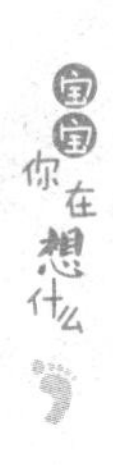

父母应该怎样对待

➢ 不能一味满足宝宝的需求

合理的要求可以满足，无理的不能答应。宝宝一旦哭闹，不妨让他“痛痛快快”地哭闹几次。在他哭闹的过程中，不给予任何同情和支持。即使他大哭大闹，不肯离去，家长也不要心软。家长要使宝宝明白，采用哭闹来达到目的是不可能的。

➢ 教宝宝正确地用语言表达

宝宝哭闹过后，可以平静地告诉宝宝：“你刚才哭了好长时间，我们都不知道你为什么哭。其实我们都很想帮助你，但是你一哭，什么也说不清楚，我们怎么帮你呢？下次如果你想要什么或有什么事情，就跟爸爸妈妈说出来，好吗？”

➢ 必要时冷处理

哭往往是宝宝要求或威胁成人满足其愿望的一种手段。他的哭闹通常是给别人看的，没人理他们，他们自然就会逐渐停止哭声。

➢ 给宝宝立规矩

给宝宝制定可行的规则，如“今天我们就买一盒积木”或“只买一样零食”。宝宝如果做到了，家长就给予表扬，使他懂得，按规矩办事比哭闹耍赖更有效，更招人喜欢。宝宝有了多次这样的经验后，就会放弃哭闹、任性的行为。

➢ 转移注意力

在宝宝任性哭闹的时候，父母可巧妙转移宝宝的注意力，如给宝宝讲故事、猜谜语、说笑话或叫他去干点别的事情，还可以进行亲子游戏等。

➢ 家长的言行要一致

如果妈妈认为该处罚，爸爸或者奶奶出来护短，宝宝就会钻空子，甚至用说谎的办法来达到目的，如“爸爸答应过的”，这不仅会强化宝宝的任性行为，还会使之产生多种其他不良行为。

➢ 适当满足宝宝的好奇心

当宝宝看到好玩的东西时，父母可以多停留一会儿，和宝宝共同观察，甚至摸一摸、看一看，满足宝宝的兴趣和好奇心，这样也可以避免许多冲突。

➢ 家长要以身作则

在生活中，父母遇到问题要采用讲道理的方式解决，不要采取任性的方式，要为宝宝树立良好的榜样。

10 不让他玩，我还想玩

案例故事

邻居的南南妹妹找2岁半的豆豆玩，她刚一拿起小娃娃，豆豆就跑过来抱走了娃娃，说道："这是我的。"

妈妈给了南南一个小鸭子玩具，豆豆又过来说："这是我们家的，不让你玩。"

妈妈说："豆豆，你把小鸭子给小妹妹玩一会儿，你去拿那个大鸭子。"可是豆豆就是不答应。

豆豆要出去玩，她让妈妈推着小自行车，她玩花园里的健身器。冬冬跑过来说："阿姨，我想骑自行车，可以吗？"

豆豆的妈妈把自行车给了冬冬，豆豆看见了，赶快跑过来说："不行，我还要骑呢。"

妈妈说："豆豆原来挺大方的，怎么现在这么小气啦？"

明明家里的"太空车"在厅里放了很久了，他平时连看都不看。

有一天，小伙伴来找他玩，很喜欢他的"太空车"，可小伙伴刚刚骑上去，明明就过来把车抢走了，还说："这是我的，我想玩，我想玩。"

妈妈劝了半天，明明就是不让。

真奇怪，玩具别人不玩，他也不玩，别人一玩，他也就有兴趣了。

➢ 自我意识发展的结果

宝宝在八九个月的时候会非常大方，但到了两三岁的时候就会变得“小气”，这是儿童自我意识发展的正常过程。自我的发展使宝宝开始使用“我的”这个词。宝宝总是强烈地维护自己的东西，不让别的小朋友拿走自己的玩具。对“你的”这种意识来得较晚，所以父母没必要责骂宝宝。

➢ 宝宝内心的真实反映

宝宝不懂得掩饰，会把自己内心的真实想法表现出来。不论是语言还是行动，宝宝的“自私”是阶段性的，此时的“自私”与成年后是否“大方”并无直接关系。

➢ 受父母言行的影响

有时，宝宝把新买的玩具送给同伴玩耍，父母看见了反而责怪宝宝，或在宝宝面前做出一些不大方的举动。如小伙伴来了，父母把新买的玩具藏起来，或是把很贵重的水果藏起来，不让别人吃，等伙伴走了，父母再拿出来给宝宝一个人享用，宝宝会认为这些好东西只属于他一个人。

父母应该怎样对待

➢ 父母要尊重宝宝并以身作则

当宝宝们发生争执的时候，父母不要大声斥责宝宝，或强迫宝宝把玩具让给他人。父母要以平和的态度，尊重宝宝，之后再跟宝宝讲道理。

另外，父母要以身作则，大方地对待别人。父母的言传身教是非常重要的。如果父母自身没有在孩子面前表示出“大方”的行为，仅凭空洞的说教无法培养宝宝良好的行为习惯。

➢ 分享对象范围逐渐扩大

一般来说，宝宝会毫不犹豫地与父母“分享”自己的玩具，然后才会过渡到与最要好的伙伴分享。当宝宝感受到“独乐”不如“众乐”的时候，才好让他与其他普通伙伴分享玩具。要注意，刚开始应该对伙伴加以选择，如让宝宝跟邻居大方的冬冬一起玩耍，以使宝宝模仿冬冬的行为举止。

➢ 教宝宝几种分享的方法

当宝宝们因为玩具发生争执时，父母可以提出建议，鼓励他们进行协商，如“我和你换着玩，好吗”、“今天我的玩具给你玩，明天你的玩具给我玩”、“你先玩 5 下，我再玩 5 下，好吗”、“我们把玩具放在一起玩”，等等。

➢ 强化积极行为，但不必惩罚消极行为

对于宝宝的“小气”行为，家长不要急于惩罚，也不要强求宝宝把东西送给别人玩，更不要当着其他小朋友的面批评宝宝“小气”，而要鼓励宝宝和小朋友商量。宝宝玩得高兴的时候，会不自觉地尝试着与其他小伙伴分享玩具，此时应该给予表扬或奖励，并在事后询问宝宝与小朋友一起玩耍的体验。

➢ 让宝宝自己实践并体会如何解决冲突

当宝宝们之间发生争执的时候，只要不是很严重，就可以试着让宝宝自行解决；当矛盾冲突更加严重时，父母再出面干涉，帮助宝宝解决问题。

11 妈妈，别人打我怎么办

案例故事

明明2岁半了，和冬冬一起玩，因为抢夺玩具，冬冬打了明明，明明大哭。

妈妈怕儿子日后受委屈，就说："小朋友要是打你，你就打他。"

后来，明明果真不受欺负了。一天，妈妈带着明明在外面玩遥控汽车，几个小伙伴高兴地追逐着汽车，其中一个小伙伴不小心踩了一下明明的汽车，明明上前就把那个小伙伴推倒在地。

妈妈说："明明，别人又没有打你，你干吗推别人呀？"

明明理直气壮地说："谁让他踩了我的小汽车！"

后来，和小伙伴一起玩的时候，别的小伙伴无意中碰了明明一下，明明也要上去打别人。

莉莉2岁11个月了，妈妈从小就教育莉莉要让着别人，不能打小朋友。可是近来莉莉总是无缘无故地被别人欺负，莉莉不敢还手。妈妈不知怎样是好。

宝宝为什么会这样

➢ 宝宝明辨是非的能力很差

宝宝对"打"这个词的理解并不恰当，有时，他会把小伙伴之间的不小心碰撞、交往的手势看成是打自己。案例中明明父母简单的教法，容易使宝宝变为攻击性的儿童。另外，宝宝的动作没有轻重之分，有时宝宝反击的时候，会把小伙伴抓伤、推倒以至于磕碰发生危险。

发生冲突是宝宝交往中的一种正常现象

幼小的宝宝在交往中常常会发生冲突，宝宝也正是在吵吵闹闹的过程中成长起来的。

父母忽略了培养宝宝的交往技能

同伴交往是有一定技巧的，这种技巧需要在实践中得到训练。如果忽视了宝宝交往技能的培养，个性温和、内向的孩子，很容易逃避交往，对同伴产生消极的情感。

父母对宝宝的过分保护

父母对宝宝事事包办，过分保护，使得宝宝失去了自我保护的本能。

父母应该怎样对待

鼓励宝宝交往

父母应该鼓励宝宝和各种性格的小伙伴交往，不要总是选择一些温顺的宝宝，以至于当宝宝遇到具有攻击性的伙伴时，不知如何应对。

➢ 及时肯定宝宝好的交往方法

当同伴之间发生冲突时，父母可以在一旁观察，看看宝宝自己能否解决，当宝宝无法自行解决或冲突加剧时，父母再进行干预。游戏过后，父母还可以和宝宝谈一下刚才解决冲突的一些好方法。例如，可以说："刚才明明要拿你手里的玩具玩，你说'我们两个一起玩吧，要不然，你先玩3下，我再玩3下'，明明很高兴地答应了，你这个方法真好。""看见乐乐和灵灵抢巴比娃娃，你给乐乐又找了一个洋娃娃玩，乐乐和灵灵都很高兴。妈妈看见你这样做也非常高兴。"通过父母的鼓励、总结和宝宝的不断尝试，宝宝就会逐渐学会解决冲突，与同伴和睦相处的好方法。

➢ 告诉宝宝几种自我保护的方法

当宝宝受到别人的欺负时，告诉宝宝应当用语言、表情、动作来制止欺负人的行为。例如，握住打人的小朋友的双手，大吼一声"你为什么打我"，或快速远离打人的小朋友，尽快争取同伴或老师的帮助，等等。如果宝宝因为自己的错误而受到欺负，要鼓励宝宝向对方道歉，并向对方说明可以通过友好的方式来解决问题。

➢ 培养宝宝的语言表达能力

父母常常和宝宝进行友好的交流和沟通，让宝宝从小就养成讲道理的好习惯。当宝宝受到别人的欺负时，父母应该保持冷静，耐心询问宝宝事情发生的经过，以便教育和引导宝宝。也可以和宝宝一起看相关图书，问问宝宝：书中的小朋友做得好不好？为什么？还可以将案例中的相关情景编入故事，引导宝宝判断哪种做法好，哪种做法不好，使宝宝学会处理问题的方法。

➢ 教宝宝明辨是非

如果别的小朋友无意中碰了宝宝一下，他还手打了别人，妈妈就要告诉宝宝，别人不是故意的，可以原谅。别的小朋友无缘无故打了宝宝，他还手反击，父母就不应该指责。这样宝宝就会在交往中明辨是非，并学会忍让、宽容和保护自己。

➢ 在宝宝面前承认错误

当父母知道自己的言行错误时，要勇于面对现实，主动在宝宝面前承认错误，及时调整教育方法。

12 妈妈，我不想上幼儿园

案例故事

强强该上幼儿园了，在这之前，妈妈为了让强强尽快适应幼儿园的生活，带着他去参加了一系列的幼儿园亲子活动，让他了解幼儿园，认识老师，等等。强强也表示喜欢幼儿园，愿意去幼儿园。第一天，强强很高兴地在幼儿园里玩了半天，但是等到第二天妈妈要送他上幼儿园的时候，他哭喊着怎么也不肯去了。任凭妈妈怎么讲道理，强强就是不答应。一路上他不停地哭，到了老师那里，强强搂住妈妈的脖子不肯放手……妈妈只好狠下心，把强强放下就走了，但是这一天，妈妈的心一直都悬着。到了晚上接孩子的时间，妈妈发现强强很高兴。第三天，又哭闹着不肯去，妈妈觉得很奇怪，怎么这个孩子突然变得不通情理了……但是妈妈仍然坚持每天送强强上幼儿园，并给他讲道理，告诉他小朋友都要上幼儿园，就像妈妈每天要上班一样。果然，过了半个月，强强就能高兴地上幼儿园了。

青青第一天上幼儿园的时候，非常高兴，因为有爷爷奶奶陪伴。可第二天，到了幼儿园她就开始不停地哭闹。奶奶看不过去了，把青青抱了回去，又带了她一天。第三天，爷爷奶奶又试着送青青上幼儿园，以失败告终。奶奶看青青哭得很伤心，就干脆不送青青去幼儿园了。她想，老师照顾那么多孩子，肯定没有自己照顾得细致。

宝宝为什么会这样

➢ 不适应集体生活

宝宝2岁之后，就非常渴望与同伴交往，并且有了与同伴交往的能力，他们已经不愿意在家独自玩耍，已有能力过集体生活。

宝宝从家庭到幼儿园，从熟悉的抚养人身边到老师身边，生活环境发生了较大的变化，所以，宝宝一开始都会有哭闹等不适应集体生活的表现。

➢ 宝宝强烈的依赖情绪的表现

现在大多是独生子女，宝宝是家里的中心。他们想时时刻刻都留在父母的身边，在家中想干什么就干什么。有的父母总是娇惯宝宝，致使宝宝有很强的依赖情绪。有的老人更是听任宝宝，宝宝说怎样就怎样。通常在这种环境下长大的宝宝会对上幼儿园产生强烈的抵触情绪。

➢ 父母怀疑的态度往往会使宝宝半途而废

有的父母总是抱着试试看的心理，看宝宝能否适应幼儿园生活，如果不能，再让爷爷奶奶看着，不能坚定不移地送宝宝上幼儿园。宝宝能很好地洞察父母的心理，知道自己有“后路”可退，就用哭闹告诉父母自己不想上幼儿园的心理，父母也就干脆不送了。

如果父母坚定地告诉宝宝必须上幼儿园，就像爸爸妈妈要

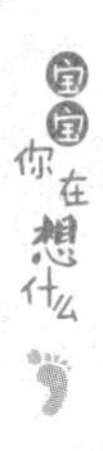

上班一样，宝宝知道哭闹是没有丝毫作用的，也就渐渐不哭，会尽快地适应幼儿园的生活。

父母应该怎样对待

➢ 上幼儿园之前，做好宝宝的思想工作

在宝宝上幼儿园之前，妈妈可以带着他去参加幼儿园组织的亲子活动，带着他参观幼儿园，让他玩一玩幼儿园的玩具以及器械。有可能的话，带着宝宝熟悉幼儿园的老师，并且告诉他，宝宝长大了，9 月 1 日就该上幼儿园了，就像妈妈每天要上班一样。幼儿园里多好玩呀，有很多小伙伴，有很多玩具，还有像妈妈一样照顾宝宝的老师，还能学到很多的本领……宝宝回到家可以把从幼儿园学到的本领教给妈妈。妈妈提前坦诚地和宝宝谈话，会让宝宝有心理准备，并对上幼儿园产生一种向往。切忌瞒着宝宝或哄骗宝宝，更不要拿上幼儿园或老师吓唬宝宝。

➢ 每天坚持，“狠心”面对

宝宝初到一个陌生的环境，免不了要哭闹一段时间。如果妈妈把宝宝放到幼儿园之后就赶快离开，大部分宝宝通常会很快安静下来，去喝水、玩玩具等。如果妈妈总是犹犹豫豫，宝宝反而会越哭越凶，因为他想通过哭留住妈妈或留在家里。所以，遇到这种情况，妈妈最好“狠心”放下宝宝，这样反而会帮助宝宝很快适应幼儿园生活。

➢ 及时跟老师沟通

宝宝上幼儿园之后，父母要和老师多沟通，了解宝宝在幼儿园的情况，以及让老师了解宝宝在家中的情况，如宝宝吃饭、睡觉、游戏等情况，以便家园更好地配合。可以告诉宝宝，在幼儿园有什么问题可以主动跟老师说，老师会像妈妈一样照顾宝宝的，还可以询问宝宝的好朋友是谁，等等。

➢ 安抚宝宝的反常情绪

有的宝宝在上幼儿园初期，回家之后，常常会发脾气，大声嚷嚷，这是宝宝很正常的一种情绪发泄，因为在家中的生活和幼儿园的生活是不一样的。宝宝在家中想干什么就干什么，而幼儿园中是有常规要求的，该玩玩具的时间就可以玩，如果到了时间就要收拾玩具，进行下一个活动，宝宝是受约束的，所以他们这段时间多多少少会产生反常情绪。只要不损害宝宝的健康，就可以让宝宝发泄。此时还应让宝宝多饮水，安抚宝宝，而不是批评宝宝。

➢ 让宝宝每天回家当老师

每天都可以问问宝宝在幼儿园的生活。如果宝宝说不出来，父母就看看幼儿园的教学安排，提示一下宝宝，“今天宝宝是不是学了小鸡小鸭的儿歌”，还可以开个头，一般宝宝都会跟着说起来，然后就势让宝宝当老师，或让宝宝的宠物当他的观众、学生。总之，让宝宝每天把幼儿园的事情说一说，不但可以发展宝宝的语言表达能力，还可以培养宝宝的亲子沟通能力。让宝宝尽快喜欢幼儿园，适应幼儿园生活。

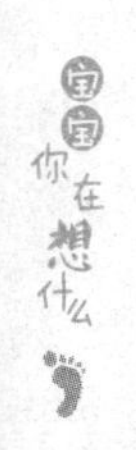

➢ 不打乱宝宝的生活规律

宝宝在幼儿园一周了，初步形成了一些生活规律，如睡午觉，自己穿衣、吃饭等。但是一到周末父母往往就把宝宝的生活规律打乱了，带着宝宝一玩就是一天，中午不睡觉，想吃什么就吃什么……结果宝宝在星期一上幼儿园的时候，身体上和心理上出现了很多不适。所以，当宝宝在家中的时候，父母要尽量让宝宝的生活与幼儿园的生活同步，让宝宝到点午睡，按时吃饭，这样，宝宝的心情会比较愉快，也能尽快适应幼儿园生活。

13 我是淘气包吗

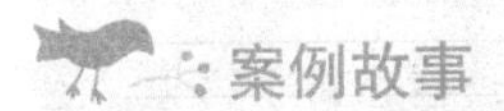

案例故事

凯凯是个精力充沛的宝宝，每天都吵吵闹闹，没有闲着的时候，一会儿摸摸这儿，一会儿摸摸那儿，总要找一些玩的东西，无论什么他都当作玩具，然后就开始折腾，好好的汽车玩具，没有多长时间就成了零碎。他常常不睡午觉，下午三四点钟倒下就睡，弄得妈妈不是发脾气就是叹气。在小区里，他是个远近闻名的小淘气。2岁半的时候，他上了幼儿园，妈妈总算松了一口气。可是到了幼儿园，他也总是爱搞小动作，不是惹这个小朋友，就是碰那个小朋友，中午还不睡觉，在床上折腾，有时还不停地弄出声音，经常受到老师的批评和警告。所有接触过凯凯的人都说，这真是一个“淘气包”！

宝宝为什么会这样

淘气是宝宝的天性

教育专家一般认为，淘气是宝宝的天性，有的时候，他们是在进行探索，有的时候，他们则是想引起大人们的关注。总之，相对于安静的宝宝来说，淘气的宝宝往往更具有主动性和创造性。所以，父母要分析宝宝为什么淘气。

➢ 宝宝好奇心的体现

由于宝宝缺乏知识，许多我们认为天经地义的事情对于宝宝来说，却是充满了奥秘，加上宝宝非常活泼好动，有强烈的好奇心，他们总是想探究这些东西，所以，就会自己去摸摸、看看。但是成人觉得这些事物司空见惯，想控制宝宝的行为，于是越不让他干的事情，宝宝觉得越神秘，越想看个究竟。宝宝在探究过程中，不停地动这儿动那儿，就会被父母或成人视为“淘气”。

➢ 宝宝的表现欲望强烈

有的宝宝表现欲望非常强烈，喜欢引起父母的注意，希望得到表扬，却常常做出不受父母欢迎的事情。如宝宝想自己倒牛奶，结果撒了一地；宝宝想帮妈妈把鸡蛋放到冰箱里，结果鸡蛋掉到了地上；想帮妈妈扫地，却把灰尘弄得到处都是；想修理小汽车玩具，却把它拆成了小零碎。本想通过这些行为证明自己能干，得到妈妈的关注和表扬，却引来了很多的批评，宝宝就会产生逆反心理，越发干起反常的事情来，这样宝宝也常常会被父母视为“淘气”。

➢ 宝宝的精力过剩

随着宝宝年龄的增长，他的各种能力增强了。但是父母往往忽视他的发展，给宝宝提供的活动环境或条件不能满足他的需要，还常常控制他的行为，不能干这个，不能摸那个，宝宝的过剩精力得不到发泄，也会产生上述行为。

父母应该怎样对待

理解和接受自己的宝宝

父母要知道每一个宝宝都是独立的个体，每一个宝宝的发展也不尽相同。千万不要拿自己的宝宝跟别的宝宝作比较，而要注意观察宝宝，发现他的特点，分析他的行为，多问问宝宝为什么会这样，然后寻找原因，有针对性地给宝宝创造条件，帮助宝宝发展。如宝宝想扫地，就让他去扫；宝宝想玩水，就到卫生间给他准备一盆水，让他自己任意玩。只要没有危险，就不要限制，也不要打扰他，而是让他尽情地玩耍，这样宝宝的需要得到了满足，也会变得通晓情理的。

灵活运用多种教育方法

当宝宝专心做事情时，不要打扰宝宝。当宝宝专心拆、插玩具的时候，父母不妨在一旁细心地观察，看看宝宝到底要做什么。其实当宝宝完成一个得意之作时，通常会高兴地告诉父母，想得到父母的认可和肯定，所以，没有必要打扰宝宝。

当宝宝做一些反常的事情时，可以用转移注意力的方法来达到制止宝宝行为的目的。如宝宝非要别人的东西或大吵大闹时，可以搂着宝宝悄悄地在他耳边说："来，妈妈带着宝宝看金鱼去，有一个地方的金鱼非常漂亮……"通常有趣的话语或活动能够吸引宝宝，宝宝会很快地把注意力转移过去，等宝宝的情绪稳定了，再教育宝宝。

多给宝宝讲故事，遇事讲道理。在平时的活动中，父母可

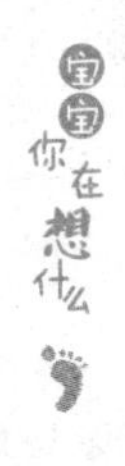

以常常给宝宝讲一些故事，宝宝通常会喜欢图书中精彩的图画和他们熟知的故事情节，还可以给宝宝编一些故事。遇到事情不要大声嚷嚷，而要跟宝宝讲清楚道理，这样会让宝宝养成讲道理的习惯。

➢ 因势利导，多让宝宝活动

对于精力过剩的宝宝，索性让他多活动。在室内，父母可以针对宝宝的特点，给他准备一个箱子，专门放旧的收音机、手电筒等各种材料，让他充分地探索；在室外，可以跟宝宝一起玩追逐的游戏，如踩影子、爬山、寻找宝物等，还可以让宝宝玩沙、玩水，在大人的视野内自由跑跳等，让他充分运动，消耗掉过剩的精力，这样有助于宝宝克服“淘气”的毛病。

➢ 帮助宝宝养成良好的作息习惯

每一个人都会有自己的生物钟，宝宝也不例外。在宝宝幼小的时候，帮助他形成一个良好的作息习惯，对他今后的发展是非常有利的。如到点睡觉，到点吃饭，到点阅读，就如同我们的一日三餐，到了时间就会饿一样，如果养成了一个良好的习惯，通常到这个时间宝宝也会自然而然地做这件事。不随意更改宝宝的作息时间，在生活中就会减少不必要的麻烦。

➢ 和宝宝共同活动

父母可以和宝宝一起拆装手电筒、收音机，和宝宝一起跑步、跳绳，参与宝宝的活动，这也是对宝宝的认可和肯定。对于父母的加入宝宝会非常高兴，因而兴趣倍增。

14 我玩得正高兴呢，别打扰我

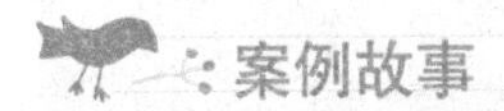

案例故事

饭做好了，妈妈喊道：“琳琳，洗手吃饭了。”

琳琳正在专心地看故事书《哪吒传奇》，就像没有听见妈妈的话一样，头也不抬地继续看书。

晚上，电视里正在播放动画片《黑猫警长》，这也是琳琳最喜欢的动画片。他马上被吸引住了，坐在电视机前聚精会神地看着。爸爸发现儿子坐得太近，大声提醒他：“离电视机远一点。”琳琳仍然紧盯着电视机纹丝不动，爸爸只好上前把他拉到沙发上坐下。

文文正在聚精会神地搭积木，妈妈忙完了自己的事情，一看表发现都快10点了，妈妈冲着文文喊道：“文文，别搭了，要睡觉了，过来洗脸、洗脚……快点，明天我们还要早起呢……”可文文还在不紧不慢地搭着房子，没有一点动身的意思。

宝宝为什么会这样

与宝宝的心理发展特征有关

2～3岁的宝宝，由于神经系统活动的兴奋性、抑制性发育不均衡，自我调控能力差，当他兴奋地关注某一事物时，让他突然自觉地终止这一行为很困难。当宝宝非常专注地做一件

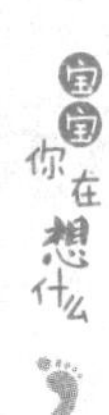

事情时，常常会对外界的声音充耳不闻。

➢ 父母的口头要求过多

有的父母不停地给宝宝提要求，并且常常用命令式的语气。“把玩具收好”、“不要乱跑”、“别打架，别乱动东西”……这种要求听得过多，有的宝宝就会采取假装听不见的方式来消极抵抗。

➢ 父母的要求不清楚、不具体

父母在日常生活中对宝宝说的话不够清楚，缺乏具体性。如“把玩具收拾好”、“我们再玩一会儿就回家了”……宝宝无法理解“一会儿”是多长时间，“收拾好”是什么意思。不如把“一会儿”改为“3 分钟”或“4 下”，将“把玩具收好”改为“把积塑放回玩具架”，这样宝宝能更好地理解父母的语言。

父母应该怎样对待

➢ 事先提要求

在活动之前，就让宝宝看表，告诉宝宝长针走到哪里停止游戏，并确认宝宝已经明白了。快到时间的时候，可以事先提醒一下，耐心地等待一会儿。告诉宝宝“还能玩 5 分钟”，而不要说“还能玩一会儿”，要求要具体、清楚。这样，时间一到就要求其停止。因为有了终止行为的心理准备，宝宝会比较乐于接受。

巧用游戏引导

例如，想让宝宝刷牙，妈妈就干脆跟宝宝一起刷牙，或提议来个刷牙比赛。想让宝宝远离电视机，妈妈可以和他玩一个“倒车”的游戏。妈妈“开车”过来的时候说道:“‘火车’开来了，请倒车，请倒车。”宝宝会很乐意按照妈妈的要求远离电视机。

跟宝宝说悄悄话

妈妈要改变平时高声说话的习惯，走到宝宝跟前，小声附耳说话，这样容易引起宝宝的注意，并且使宝宝感到非常有趣，更容易听你说话，照你的话行事。

提出宝宝感兴趣的建议

利用宝宝喜欢做的事情吸引他。如琳琳喜欢听“哪吒传奇”的故事，妈妈就可以这样说:“琳琳，你快点洗脸、洗脚，洗完了上床，妈妈给你讲哪吒的故事。”宝宝对自己喜欢的事情格外敏感，他会很快地按照要求来做。

给宝宝时间玩耍

在一段时间里，让他尽情地玩耍，不干涉他，只在一旁细心地观察。有时，当宝宝专心于某一项活动时，父母看着宝宝可爱，忍不住亲一亲，抱一抱，或者趁着自己的兴致逗一番，后来却怪宝宝做事注意力不集中。殊不知，这是父母自己一手造成的。因此，父母要尊重宝宝的独立人格，不要无故干扰宝宝的活动。

15 请快乐地唤醒我吧

案例故事

早上7点半，妈妈边做饭边大声喊："玉玉，睁开眼睛，快起床了，妈妈还要把你送到邻居的奶奶家呢，快点，没时间了……"玉玉被妈妈的高声叫嚷吵醒了，撅着小嘴坐在床上发愣。妈妈冲过来，边嘟囔边快速地给玉玉穿好衣服，拿了一块小饼干，带着玉玉奔出家门。

早上7点，妈妈俯下身，轻轻叫着女儿的小名："贝贝，我的宝贝，天亮了，新的一天开始了，快睁开眼睛看一看，太阳出来了。""听一听，小鸟在树上叽叽喳喳地唱歌呢……"妈妈亲亲贝贝的小脸，贝贝边伸懒腰边睁开惺忪的睡眼，妈妈高兴地说："我的宝贝伸伸懒腰，又长个了！"

贝贝还要在床上赖一会儿，这时妈妈就跟她闲聊几句："贝贝，你昨晚睡得真香呀！是不是梦见了美丽的白雪公主？你告诉妈妈好吗？"贝贝就会跟妈妈说一说她做的梦。有时，贝贝说："妈妈，我没睡好。"这时，妈妈会用亲和的声音说："我知道，我的贝贝昨晚没睡好，不过，没关系，今天中午早一些睡觉，你会睡得很好，还会做一个美丽的梦……"然后妈妈带着贝贝高兴地走出了家门。

宝宝为什么会这样

➢ 宝宝的情绪易受大人影响

宝宝的情绪容易受周围环境的影响、大人的暗示。如果父母总是很乐观地面对生活，宝宝也会非常积极、快乐地生活。

➢ 不同的教养方式给宝宝不同的感受

早上，如果采用温馨、柔和的方式唤醒宝宝，他将会以积极的心态、愉快的心情，充分地享受新的一天。如果粗暴地叫醒宝宝，宝宝的情绪也会变得非常糟糕。

父母应该怎样对待

➢ 轻松愉快地唤醒宝宝

早晨是一天的开始，如果早晨宝宝的心情非常愉快，那么他这一天都可能高高兴兴。用妈妈的情绪感染宝宝，轻轻呼唤宝宝的小名，把宝宝从睡梦中唤醒。

➢ 提前做好准备

如果第二天有事需要早出门，父母一定要做好准备工作。如头天晚上就把宝宝需要穿的衣服及要带的物品全部准备好，早上自己适当早起，给宝宝留出一定的富余时间，然后轻松唤醒宝宝。这样就会有条不紊，父母自己的情绪也会非常好。

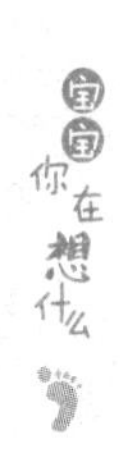

➢ 播放优美的乐曲

到了宝宝起床的时间了，放上一段轻松优美的小乐曲，或他很喜欢的一首歌，营造一个美妙轻松的环境，让他慢慢醒来。这样，他醒来时，听到的是轻松的音乐、动听的歌声，自然会有愉快的心情。

➢ 用幽默的语言和宝宝说话

当宝宝醒来的时候，父母可以用幽默的语言和他说话，久而久之，他的性格也会非常乐观。例如，妈妈给宝宝穿衣服的时候，可以说一些幽默、有趣的话："我们穿衣服了，唉，宝宝的小手怎么不见了，快快钻出山洞，我抓着了；现在，小脚开始钻山洞了，钻得真快呀，臭脚丫露出来了。噢，不臭，是香脚丫露出来了……"宝宝就会边笑边穿衣服，开始快乐的一天。

16 我不想吃药

案例故事

“瑶瑶，吃药了。”妈妈叫着2岁多的女儿。

瑶瑶一听转身就跑，爸爸上前一把抓住她。

瑶瑶拼命地摇着头，还大声嚷嚷：“我不吃，我不吃。”

妈妈拿过药，说：“你生病了，就得吃药，不吃药病怎么好？”

瑶瑶看妈妈要喂她吃药，赶快紧闭嘴巴。妈妈还挺有办法的，一捏瑶瑶的鼻子，她的嘴巴自然张开了。妈妈迅速把药倒入瑶瑶的口中，可是瑶瑶一闹，一咳嗽，又把药吐了出来。

爸爸妈妈齐上阵，对瑶瑶说：“瑶瑶，你把药吐了，我们还要喂你一次，直到你不吐为止，吃了药病才能好呀。”

然后又捏着瑶瑶的鼻子灌了一次，终于，瑶瑶没有再吐，爸爸妈妈才喘了口气。其实妈妈也不想这么做，每次喂药，双方都弄得筋疲力尽。但是为了让瑶瑶快快好起来，也只能这样强行喂药了。

晓晓吃药也非常困难，妈妈为了让晓晓顺利地吃药，干脆往药里加糖，或者用果汁、牛奶喂药。总之，喂宝宝吃药确实是一件令人头痛的事情。

龙龙生病了，妈妈很着急，但是态度上很乐观。龙龙吃药的时候，妈妈柔声地告诉龙龙：“这些苦的东西能对付龙龙身体里的病菌，吃了这些苦药，龙龙的病才能好得快。”所以龙龙每次都能认真地吃药治病。

➢ 宝宝生病时爱撒娇

宝宝生病时，难免撒娇，情绪不好。加之父母对宝宝的百般呵护，容易导致宝宝“病一场，脾气长”的现象。往往在宝宝生病之后，父母就会发现宝宝没有以前懂事了。

趋乐避苦是人的天性，宝宝不可能主动认识到不吃药可能导致的严重后果，自然不愿吃苦药。

➢ 父母的态度影响宝宝吃药的情绪

宝宝一生病，有的父母大惊小怪，情绪消极，有时还相互埋怨、指责对方没有看护好宝宝。让宝宝吃药的时候，父母皱着眉头，宝宝看到后，情绪也会受到影响，自然而然地躲避吃药。如果父母积极地对待，给宝宝讲清楚吃药的重要性，宝宝会很乐观、勇敢地对待疾病。

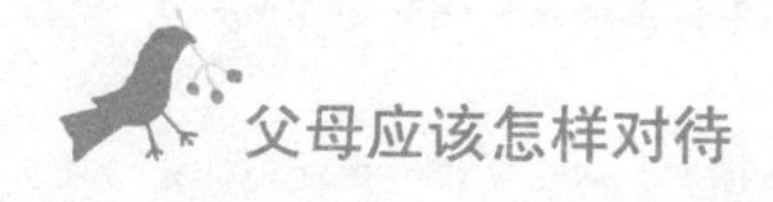

➢ 做好准备工作

首先，应检查药物是否过期，同时查看说明书或遵医嘱，以保证药物剂型、剂量的准确性。然后，准备好喂药器具，如小药杯、滴管等。接着准备好药物，如果宝宝不会吞药片，可以把药片研成粉末溶入少量温水中，混悬液摇匀了再用。另外，还要准备一些温水，让宝宝服药以后喝，以消除宝宝口腔中的苦味。

➢ 满足宝宝的需求

宝宝最爱吃糖、看书、看动画片、听故事。那就用它们作为宝宝吃药的奖励。妈妈可以对宝宝说:“你把药吃了，我就给你讲一个你最爱听的故事。”也可以这样说:“我的宝宝很勇敢，如果你把药喝了，病很快就会好的，我们就可以到书店去买一本你最喜欢的图书。”

➢ 鼓励宝宝交往

根据宝宝的年龄编故事。例如，兔妈妈有一对双胞胎，一个叫红红，一个叫白白。有一天，这两个宝宝都生病了。河马大夫给它们开好药，并对它们说:“你们好好吃药，病就会好的。”回到家，红红几口就把药吃了，可白白嫌药苦就是不肯吃。过了三天，红红病好了，它和小猴、小鸡在院子里玩得可高兴了，白白因为没吃药只能躺在床上，眼巴巴地看着别人玩。讲完故事，妈妈可以问宝宝:“你是不是想跟红红一样尽快把病治好呀？治好了就可以去找你的小伙伴玩了。”

➢ 晓之以理

每次吃苦药，父母可以给宝宝讲道理:“生病了，吃药病才能好。有些药确实很苦，但吃了很管用，病会好得快。”宝宝懂得这些道理后，就能把苦药吃掉。

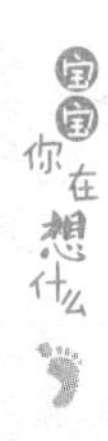

➢ 榜样暗示

宝宝有些咳嗽，吃止咳药时，刚刚舔了一口就说："辣——辣——我不吃！"妈妈说："这药不辣，只是有点儿凉，吃了嗓子会很舒服。"但宝宝怎么也不吃。妈妈和爸爸就假装抢着吃，嘴里还不断地说："好吃，好吃，凉凉的，吃到肚子里好舒服。"宝宝看到爸爸妈妈争着吃，也就把药吃了，并说："不辣，不辣，就是有点儿凉。"

➢ 二择其一

宝宝不爱吃苦药时，父母可以用二选其一的方法。可以对宝宝说："现在有两种治病的方法，一种是在家吃药，另一种是到医院打针，你想用哪种方法？"宝宝一般都会选前者。

➢ 不要用果汁送服药物

因为果汁饮料，大都含有维生素C和果酸，酸性物质容易导致各种药物提前分解或溶化，不利于药物在小肠内的吸收，从而影响药效。因此，给宝宝服药不宜用果汁。若要食用果汁饮料，必须在服药后相隔一个半小时以上饮用。

17 我不想喊“叔叔”

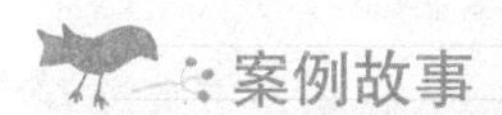

案例故事

明明2岁8个月了，一天，妈妈带他在花园里玩，遇到一个同事，妈妈赶紧说：“明明，快叫李叔叔。”明明看了看李叔叔，没有出声。

事后，妈妈说：“明明，你要做个有礼貌的孩子，再遇到大人可要打招呼呀。”但是，明明比较内向，见到不熟悉的人总是不愿意开口，妈妈为此常常批评他。

后来，妈妈带着他在外面散步，遇到同事或朋友，不等明明开口，妈妈就会命令道：“快喊叔叔（阿姨）呀，这孩子，就是胆小，不会喊人。”这时，明明就会低着头，小声地喊一声“叔叔”或“阿姨”。

妈妈带着亮亮外出的时候，总是主动地与熟悉的人打招呼，她并没有经常提醒亮亮叫人。而亮亮耳濡目染，渐渐地形成了讲礼貌的好习惯。

宝宝为什么会这样

与宝宝的性格有关

宝宝的性格有其天生的因素，也与婴儿时期父母或其他直接养护人的教育方式有关。尤其是1～3岁的宝宝，这种见到陌生人害羞的现象更是比较普遍的。

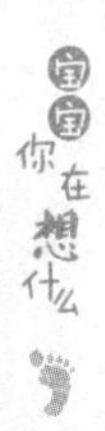

宝宝不敢和陌生人说话，大多是出于一种潜在的不安全感，有时也属于自己的情绪问题。

➢ 父母没有以身作则

父母没有以身作则，看到别人不会主动打招呼，只把眼睛盯着宝宝，而且常用命令式的口吻让宝宝喊人，如果宝宝没有叫人，父母就会责备宝宝。这样做就会给宝宝一种消极的暗示，如案例中明明的妈妈后来见到人就说，“这孩子，就是胆小……”殊不知，这样会使宝宝越来越胆小。

父母应该怎样对待

➢ 注意榜样作用

父母不要总是想着自己的面子，而要注重自己的榜样作用。例如，父母可以像亮亮的妈妈那样，和宝宝一起外出见到别人的时候，主动问好，打招呼，然后有礼貌地给宝宝介绍一下对方。如“明明，这是刘阿姨，阿姨很喜欢你，原来她还常常抱你呢……”简单轻松的介绍很快就会消除宝宝的陌生感，然后鼓励宝宝跟对方打招呼。渐渐地，宝宝就会从父母那里习得与他人沟通、交往的良好方法。

➢ 多接触大自然

父母可以让宝宝从熟悉周围的环境开始，如小公园、游乐园、植物园等，多接触大自然，逐渐适应有很多陌生人的环境。

有意识地鼓励他去和身边的小朋友说话，或者主动把自己喜欢的东西和别人分享，这样，宝宝会在一种愉快的体验中，逐渐学会与人沟通交流。

➢ 尊重宝宝

当宝宝出现问题时，父母要保持冷静的态度，平和、有耐心，适当地等待，给宝宝说话的空间和时间，尽量不替代宝宝说话，不在别人面前否定、打击宝宝，要相信宝宝，对宝宝充满信心。如果宝宝没有和别人打招呼，也不要在乎，因为宝宝和大人一样，有不想说话或不舒服、不愉快的时候。

➢ 给予鼓励、肯定，恰当运用批评

宝宝不愿意开口叫人，是由自身胆小造成的，不是犯了什么错误，不能运用批评的教育方式。遇到这种情况，更应该注重对宝宝的鼓励和肯定。如果宝宝在父母的启发下，小声地叫了人，就可以说："宝宝今天叫了阿姨，阿姨是不是夸宝宝了？下次宝宝叫人的时候一定会声音很大，对不对？"宝宝的行为得到了正面强化，他就会有一种跃跃欲试的心理，胆子也会越来越大。

➢ 利用故事引导

父母还可以给宝宝讲一些关于小朋友讲礼貌的故事。当宝宝第一次主动叫人的时候，就给予积极的肯定，并把他的礼貌行为编到故事中，让宝宝在欣赏故事的同时受到教育。

18 我就爱看动画片

案例故事

壮壮刚刚2岁8个月，却是一个小小电视迷。他从幼儿园一回来，就坐在电视机前面，一看就是一两个小时。妈妈担心他看坏了眼睛，就把电视关掉。可一关掉电视，他就坐在沙发上发愣或眼泪汪汪地重复一句话："我要看动画片！"妈妈真是气得不得了，但也觉得非常委屈。

每天，妈妈从幼儿园把2岁半的点点接回家，就给点点放上动画片，自己上厨房做饭。妈妈觉得这样挺好，宝宝不哭不闹，自己也能安心地做事情。但慢慢地点点就离不开电视了。周末，妈妈让他画一会儿画，他不画，妈妈说要带他出去玩，他也总是惦记着看电视。还说，这个没意思，那个没意思，就看电视有意思。妈妈意识到这样下去会损伤宝宝的眼睛，就每天晚上和点点做一些游戏，陪他玩玩具、画画、看书……点点的活动项目多了，每晚也就不总坐在电视机前面了。

宝宝为什么会这样

➢ 动画片比较吸引宝宝

动画片五花八门，的确十分吸引宝宝。电视可以增长宝宝的知识，使他感到欢乐，培养他的注意力、记忆力等，但长时间看电视有许多不好的影响，例如，减少了宝宝与小朋友一块儿活动的时间，不利于培养宝宝的想象力、创造力、动手操作能力，暴力或色情画面对宝宝的负面影响更大。

宝宝为了打发时间

有的宝宝找不到什么喜欢做的事，又是独生子女，而父母工作大多很忙，没有时间陪他玩，他只能借助电视这一临时保姆来打发时间。

呆板的生活方式造成的

很多家庭的娱乐方式过于单调。父母每天晚上沉溺于电视，宝宝没有合适的同伴玩耍，也就跟着他们一同看电视来消磨时间。

和宝宝讲清道理

父母应该告诉宝宝，电视看多了对眼睛不好，视力下降了会看不清东西，影响看书学习，还可以列举一些真实的例子。

抽出时间陪伴宝宝

每天尽量抽出一定的时间来陪宝宝。父母可以和宝宝一起做游戏，哪怕只是一起聊聊天，也会让宝宝很满足。

➢ 约定看电视的时间

父母在打开电视机之前就和宝宝约定好看电视的时间，对没有时间概念的宝宝可以用闹钟提醒，也可以在快到时间的时候，告诉宝宝“再看 5 分钟我们就不看了”。家长和宝宝共同协商看电视的时间，如每天看 60 分钟或 30 分钟，重要的是两方都能认可，以后可根据情况适当减少。父母也要注意控制自己每天晚上看电视的时间，给宝宝树立良好的榜样。

➢ 培养多种兴趣

父母要丰富宝宝晚上的生活，增加活动内容，如案例中点点的妈妈后来的做法。可以让他玩玩具或看一些有趣的图画书，使之从对电视的迷恋中解脱出来。

➢ 转移注意力

父母和宝宝一起看电视，并抓住电视中宝宝感兴趣的故事情节将其注意力转移开。例如，妈妈说：“小猪的房子真漂亮，乐乐也教妈妈搭一个漂亮的房子，好吗？”

让宝宝和伙伴一同看电视，宝宝们在看电视的过程中，往往会交流、游戏，这样也会转移宝宝对电视的注意力。

宝宝喜欢不厌其烦地看、听一个故事。家长可以买来宝宝喜欢的动画片、故事书，在宝宝看完电视后，给他讲同样的故事。

宝宝看完一个故事后，妈妈可以启发他讲一讲故事内容，还可以让他试着把故事的情节、主人公画出来，一同欣赏、编讲故事。

> 让宝宝玩抽签游戏

把宝宝喜欢做的事情都写在小纸条上，如玩陀螺、看动画片、画画、看书、讲故事等，并将纸条放在纸盒里。晚上，宝宝回到家就玩抽签的游戏，并按照签上的内容进行活动。做完一项活动，再抽一次签。宝宝会非常乐意去做每一件事情。

> 适当奖励、惩罚

父母应严格给宝宝规定每天看电视的时间，到了时间就把电视关掉。如果宝宝不哭不闹，父母要给予适当的奖励，如奖励小红花、小星星等，并且规定得到5朵小红花，可以换取一本书或一个小玩具。如果宝宝一周都坚持得很好，家长可以满足他一个愿望，鼓励其坚持下去。如果宝宝不关电视，他就要受到相应的惩罚，例如，取消一次去游乐场的机会，减掉一次去麦当劳的机会等。

当然，要纠正一种行为，一定会碰到反抗，家长要有心理准备，宝宝哭闹一两次没有什么关系。切忌开始不让他看，他一哭闹，就让他看了。

> 建立家园联系

建立家园联系，父母把宝宝遵守规则，少看电视的表现写在本子上，让老师在本子上标注红花、五星等。

19 我就爱到处画

案例故事

洁洁2岁10个月了，非常喜欢画画，常常拿着油画棒在纸上乱涂乱画。有时画出一些简单的线条，她说是小鱼，有时涂成一个大黑疙瘩，她说是蜘蛛网，有时还把太阳画成蓝色的。父母经常弄不懂她画的是什么，爸爸有时还笑她："太阳怎么是蓝色的？""这只小鸡画得太不像了。"

除了在纸上画画外，她还经常拿着笔在卧室、客厅、卫生间又涂又画，凡是她够得着的地方都有她的"杰作"。妈妈制止了她好几次，但都没有什么效果。

宝宝为什么会这样

> 正处于由涂鸦期逐步向象征期过渡的阶段

2～3岁的宝宝正处于由涂鸦期逐步向象征期过渡的阶段。其实，宝宝从周岁以后，便爱拿一些工具，比如铅笔、粉笔、油画棒等，在他认为能画的地方（如纸、书、墙、地板上）又涂又画。看到自己涂画出斑斑点点，宝宝就会非常高兴和满足。

▶ 思维缺乏逻辑性

宝宝的想法、画法都是非常天真、直率的，他往往把自己喜欢的东西画得很大，不喜欢的东西画得很小。这一年龄段的宝宝不懂得透视，所画的东西都会摆在一个平面上，大小也不合比例，他画出来的东西，成人往往无法理解。

▶ 小肌肉动作的发育特点

宝宝的腕部肌肉发育还不完善，不能很好地控制画笔，在画面、线条的连接上，常常会出现断开或交叉的现象。

▶ 以自我为中心

宝宝常常以自我为中心，不能从他人角度来考虑问题。他不是故意到处乱画，而是并不知道哪里能作画，哪里不能作画。

父母应该怎样对待

▶ 尊重宝宝，适时给予鼓励

不管宝宝画得如何，父母不应该嘲笑或指责他，而应该让宝宝讲一讲他所画的内容，父母认真倾听，并给予宝宝适当的肯定，如"这只小鸡画得不错，再给妈妈画一张吧"，或"给爸爸讲一讲，爸爸肯定会夸你的"。

▶ 告诉宝宝不能随便乱画的原因

明确告诉宝宝哪里可以画，哪里不能画，并告诉他原因。

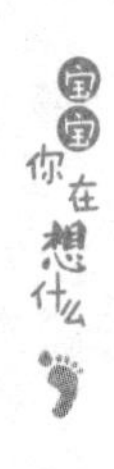

“如果把画画在家具、墙壁上，会影响家庭的整洁，妈妈也会擦掉的，自然就看不到你的画了。如果你把画画在纸上，妈妈可以把你的画收好，保存起来，还可以拿出来给大家欣赏。”

➢ 给宝宝提供画画的固定空间

父母可以在自己的书桌旁，给宝宝摆放一个小书桌，提供一些画、涂、写的工具，让他作画；还可以为宝宝买一块黑板，给他一个固定的绘画空间，让他自由练习绘画。

➢ 利用多种形式吸引宝宝作画

父母可以把宝宝感兴趣的事情画在纸上，在画中故意漏掉一些东西，如小兔子没有耳朵，小猫没有眼睛，漂亮的糖果瓶里没有糖果……让宝宝添画，体验在纸上作画的乐趣。

父母可以常带宝宝去看画展，让他产生展出自己作品的欲望，然后给他一片小天地，帮助他把画好的“作品”贴到墙上，培养他的绘画兴趣。

父母还可以经常带着宝宝观察环境，体验生活。例如，春天，带宝宝到郊外游玩，引导他有目的地观察，和他一同描述，回到家里再让他把自己看到的、听到的画出来，以此激发宝宝作画的兴趣。

➢ 晓之以理，动之以情

父母应和宝宝多玩角色游戏，通过角色扮演，使宝宝自觉地规范自己的行为，知道必须服从规则，按“道理”去做。

宝宝画画时，父母不妨参与其中，与宝宝分享绘画的快乐，并耐心地加以指导。这样不仅可以密切亲子关系，也有助于提高宝宝的绘画水平。还可以耐心地告诉他，父母不喜欢乱涂的房屋，问问宝宝怎样做才能使房子更加漂亮，然后和他共同布置房间。这样做可以逐渐改变宝宝乱涂乱画的行为。

20 我就穿昨天的那件黄衣服

案例故事

“姗姗，这是妈妈给你新买的粉红色毛衣，你看多漂亮呀，快穿上，妈妈带你到王阿姨家去玩。”妈妈边说边给2岁10个月的姗姗穿毛衣。

姗姗却把毛衣拽了下来，说道：“我不穿，我要穿昨天那件黄色的毛衣。”

妈妈哄了半天，女儿就是不穿，嘴里还嚷嚷着：“我就是喜欢那件衣服！”

妈妈不管她怎么哭闹，强制给她穿上了。姗姗急了：“妈妈，你别强迫我！”

牛牛3岁了，妈妈要给他穿一件红色毛背心，他却说：“我不穿。”

“为什么？”妈妈问。

“红色衣服是女孩穿的，我不喜欢穿。”

妈妈嘀咕：“去年他还不挑穿呢，怎么越大越不听大人的话，不好管了呢？”

宝宝为什么会这样

➢ 宝宝有了最初的美感体验

据研究发现，2岁以上的宝宝，可能表现出生命历程中最初的审美欣赏活动，开始对事物产生审美兴趣，有了最初级的美感体验。要不然，当妈妈穿黑色的衣服时，宝宝为什么不高兴，当妈妈穿颜色鲜艳的衣服时，宝宝喜欢之余还会说妈妈漂亮呢？只是他们的审美观和我们的不一样。

➢ 宝宝的兴趣焦点是事物的局部细节或某种特征

宝宝喜欢某一事物，兴趣点不是事物的整体，而是事物的局部细节或某种特征。这种喜爱在审美心理学中被称为审美偏爱。也正是这种审美偏爱影响着他们初期的爱美行为。

➢ 宝宝反抗期的表现

这恰恰是宝宝身心发展的一个可喜标志，心理学上称之为“反抗期”。这一时期，宝宝不仅已经开始形成思维指导下的知觉，而且有意注意、有意记忆、有意思维也变得深刻、丰富起来了，心理开始具有最初的系统性。

父母应该怎样对待

➢ 帮助宝宝开阔审美视野

从生活中的点滴做起，充分利用吃的、穿的、用的等一切教育途径，丰富他们的审美经验，激发宝宝的审美情趣。如给宝宝买衣服的时候，可以让他参与，并听取他的建议，如果宝宝的选择不合适，我们可以向宝宝提建议，以此引导宝宝。如“你看这个有小熊的衣服多大方呀，绿色的草地也很漂亮……”

➢ 宽容和限制相结合

父母首先要分清，哪些反抗行为是一定要管的，哪些是可以不加干涉的。有一些危险的动作，如拔插销、玩火，或明显无理取闹的举动，是必须坚决制止的。但如果宝宝的一些举动对自己、周围的人以及环境没有实质性破坏，如宝宝穿什么衣服、戴什么帽子等类似的事情，我们就应该采取比较宽容的态度，事后找合适的机会再耐心地跟他商量、提建议或讲道理。

➢ 转移宝宝的注意力

有时候宝宝的犟劲儿上来了很难应付，例如，宝宝总是吃手，如果妈妈说“不许吃手”，宝宝往往会吃得更起劲儿。这时，妈妈就可以采用转移宝宝注意力的方法。例如，拿出宝宝最爱看的一本书，说：“你拿着书，妈妈给你讲。”千万不要和宝宝较劲儿，那样可能会“两败俱伤”。

21 妈妈，我是从哪里来的

案例故事

一天，妈妈带着2岁11个月的璐璐散步，璐璐看到一个大腹便便的阿姨，问道："妈妈，这个阿姨怎么这么胖呀？"

妈妈告诉她，这个阿姨的肚子里有宝宝。

璐璐问妈妈："妈妈，我是从哪里来的呀？"

妈妈告诉她："你是从妈妈的肚子里生出来的。"

又有一天，璐璐刚刚蹲下撒尿，强强也在她的旁边站着撒尿。

璐璐忽然问道："妈妈，强强为什么站着撒尿？"还跑过去要看强强的"小鸡鸡"。

这弄得妈妈很尴尬，但妈妈还是认真地告诉她："因为强强是男孩，你是女孩，男孩和女孩撒尿的地方长得不一样。不要看别人撒尿，看别人撒尿是不礼貌的行为。"

文文问妈妈："妈妈，我是从哪里来的呀？"妈妈认为不便跟宝宝说性方面的问题，就回答道："你是从火车站捡来的。"宵宵的妈妈告诉宵宵他是花仙子变来的。……

宝宝为什么会这样

人生一开始就有性生理现象

性科学研究表明，人生来就具有性的差别和性的要求，并

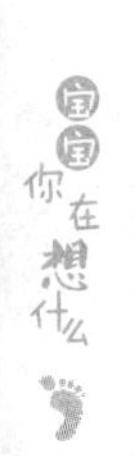

且保持终生。人生一开始就有性生理现象出现，婴幼儿期也相应存在着性心理问题。

著名的心理学家弗洛伊德认为，就个体来说，性生活早在婴儿期就开始了，而不是从成熟期才开始的。许多学者甚至细心的家长发现，小到1周岁左右的宝宝就有抚摸生殖器官的行为。

宝宝的自发性和好奇心

2～3岁的男孩用手抚摸阴茎，女孩用手抚摸阴部，只是一种自发现象，玩弄生殖器官就像玩弄自己的手和脚一样，没有性目的。这时的宝宝基本上是独自游戏，很少和别的宝宝有互动关系。宝宝发现男孩和女孩的性生理差异后，他们就会关注男女身体特征的差异、人的出生、两性关系等，特别对人的出生充满好奇。宝宝常常会问："我是从哪里来的？"有时还喜欢观看别的小朋友，触摸他们的生殖器，或裸体向异性小伙伴显示自己的生殖器。

宝宝提出的性方面的问题只在于"是什么，什么样"，并不涉及道德伦理方面的事情。宝宝的好奇心强，凡是没有看见过的，他都想看看；对新奇的东西，他还想去摸摸，就像宝宝喜欢看看耳朵眼、鼻子眼、嗓子眼里有什么一样。

父母敷衍宝宝

性教育方面的问题包括两大方面，即身体的性别特征和伦理道德。宝宝关心的只是前者。在告诉他们一些粗浅知识的同时，还可以渗透某些有关道德行为的知识。由于宝宝神经系统发育的限制，他们对性问题并没有浓厚兴趣。父母不要把有关性的问题神秘化，否则会适得其反，激发他们的兴趣。

当宝宝问一些性问题的时候，一些父母不是正确地告诉宝宝，而是采取敷衍、欺骗等方法，让宝宝形成一些错误的知识和概念。

父母应该怎样对待

抓住机会，和宝宝谈性愈早愈好

当宝宝开始问“我是从哪里来的”或“为什么他站着尿尿，我蹲着尿尿”的时候，就要开始和宝宝谈性。如同案例中璐璐的妈妈那样，不需要刻意安排时间。父母还可以利用共浴的时间，很自然地和宝宝谈起性器官的发育以及卫生问题，因势利导地告诉宝宝身体各部位的名称：耳朵、鼻子、肚脐、阴茎……使宝宝懂得身体各个器官都是必不可少的一部分。对稍大一些的宝宝，可以告诉他，手脏，有细菌，不能吸吮手指，不能用手揉眼睛，也不能用手摸弄性器官。

正确回答宝宝的提问

宝宝对自然界的一切都感到新奇，求知欲也十分旺盛，看到任何不理解的事情都喜欢问为什么，对性的问题也不例外，例如，“我是从哪里来的”、“为什么只有女的能生宝宝”……此时，父母应当认真对待宝宝的提问，根据宝宝的理解能力简略、真实地回答，而不要采取哄骗、不理睬、吓唬等不当方法。

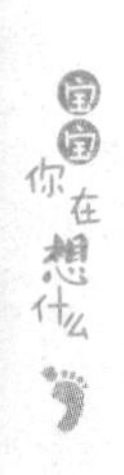

> 准备充分

如果是因为自己性知识不足而不敢和宝宝谈性，父母就要从现在开始注意积累这方面的知识，多阅读宝宝性方面的书籍，记住一些问题的解决方法。也可以向有经验的家长取经，借鉴他人的经验。这样，再遇到这类问题的时候，父母就准备充分，运用自如了。

> 不必硬充专家

碰到自己答不出的问题时，不要说“这种问题，不要来问我”或“等你长大，自然会明白”这类话。可以告诉宝宝：“这个问题很好，虽然我现在答不出来，我会想办法找到答案。”应该让宝宝知道，父母不是无所不能的。碰到不懂的问题，还可以和宝宝一起查资料，一起讨论。

> 用宝宝可以理解的话来解释

对宝宝性的教育应该结合他的年龄特点来进行。如宝宝想看爸爸或妈妈撒尿的地方，爸爸妈妈可以让他看一看，对三四岁的宝宝，还可以告诉他：“爸爸妈妈可以让你看看，但是你不可以看别人撒尿的地方。你撒尿的地方也不能让别人看。那是自己的秘密，要保护好。”有些不能正面回答的问题，我们还可以采取打比方、换角度、讲童话的方式灵活地回答。总之，要给宝宝一个宽松、健康、民主的成长环境，使宝宝在成长过程中正确地对待性，正确地对待自身的生理特点及发育，正确地对待成熟。

22 爸爸不让我喝水

案例故事

2 岁 11 个月的玲玲跑过来要拿奶瓶喝水。

爸爸说："你都快 3 岁了，不要用奶瓶了，还是用杯子喝水吧！"

可玲玲非要用奶瓶喝水。

这时她看到妈妈走过来，就告状："妈妈，爸爸不让我喝水。"

妈妈说道："爸爸不是不让你喝水，只是让你用水杯喝水。"

3 岁的欢欢拿着枕头跑到奶奶那里说："奶奶，我想跟你一起睡。妈妈让我睡在尿里面，爸爸不让我起床。"

奶奶后来问了爸爸妈妈，他们告诉她，有一次，儿子睡觉时尿床了，妈妈没有及时发现，早上 6 点多，儿子要起床，爸爸让他再睡一会儿。

宝宝为什么会这样

宝宝混淆想象和现实

这一阶段的宝宝有时不免将想象的事情当作真实的，其实不是在故意说假话。例如，明明听了孙悟空的故事后，会告诉妈妈他跟孙悟空一起玩，并一起打妖怪。其实，宝宝不是有意撒谎，这是他的想象。

➢ 家长在引逗中的无意强化

例如，姥姥问3岁的青青：“你喜欢姥姥，还是喜欢妈妈？”青青说：“喜欢妈妈。”这时，姥姥板起面孔，教训她：“好没良心的东西，从小我就带着你，给你买吃的、买穿的，你却喜欢妈妈！”青青一看这势头，马上改口：“我喜欢姥姥，姥姥好！”于是，姥姥笑开了花，对青青又是抱又是亲。从此，青青学会了看什么人说什么话，当着妈妈的面说妈妈好，当着姥姥的面说姥姥好！

➢ 家长有时候不让宝宝讲真话

例如，4岁的文文不小心打碎了邻居的花盆。妈妈告诉文文：“如果有人问你，就说不是你打碎的，不然，邻居要打你的，妈妈还得赔花盆。”文文按照妈妈的话做了，妈妈夸奖道：“文文就是聪明！”从这件事中，文文得到一个结论：妈妈喜欢撒谎的人。

还有时候，家长在家议论别人的短处，被宝宝听见了，要求宝宝别到外面说。

➢ 宝宝为了避免受罚

如果宝宝说实话会受到惩罚，他就会用撒谎来自卫。例如，爸爸发现自己的钱少了，问宝宝，宝宝承认是他拿了，爸爸不由分说一顿饱拳，还大声骂道：“你这么小，就会偷钱了，今天我要好好教训你！”宝宝对这种教训记忆深刻，每次犯错误或不中爸爸的意，为避免受罚，说话就要动脑筋了。

父母应该怎样对待

➢ 以身作则

时刻注意不要给宝宝说谎的机会，既不要引逗宝宝说谎，也不要让宝宝出于自卫撒谎，更不要教宝宝说谎。

➢ 坦然面对宝宝撒谎

如果宝宝说了谎，也没必要教训他一顿，而应当面对现实，想方法让宝宝明白撒谎是没有必要的，撒谎并不能真正解决问题，可以用别的方法解决问题，任何人都不欢迎撒谎的人。

➢ 利用故事引导

家长给宝宝多讲一些有关诚实的故事，如“华盛顿砍树”、“手捧空花盆的孩子”等，使他认识到为人诚实的益处。

➢ 鼓励宝宝说实话

当宝宝做了错事时，家长要鼓励宝宝说实话。宝宝真的说了实话后，要就事论事，首先表扬他的诚实，然后妥善处理他的错误。家长千万不能因为宝宝说出了所犯的错误而狠狠惩罚他，致使他以后为了逃避惩罚而不再报告实情。陶行知先生的四块糖的故事是值得借鉴的。一次，一个孩子打了另外一个孩子。陶先生批评了打人的那个孩子，同时因为他勇于认错、诚实可信而奖励了他四块糖。

➢ 帮助宝宝分清现实和想象

当宝宝分不清想象与现实的时候，家长只需要用正确的语言表述一遍，让宝宝明白这种情况应该如何用语言表达。对于宝宝充满幻想的“谎言”，家长没有必要大惊小怪，而应注意引导宝宝关心现实，从幻想的世界中走出来。

23 我只跟楠楠玩

案例故事

2 岁 11 个月的晓晓和楠楠在幼儿园的同一个班，他们两家又住得很近，自然而然成了好朋友。晓晓总是说“楠楠是我最好的朋友”，两个人见了面总是搂一搂，抱一抱，通常会玩得很高兴。奇怪的是，他们两个一起遇到同班的小朋友时，在父母的提醒下只和小朋友打一下招呼，并不跟其他人玩耍。后来，妈妈问晓晓：“刚才婷婷来了，你也可以跟她玩呀。”晓晓说：“婷婷的朋友是建建，丹丹的朋友是小雪，宇宇的朋友是凯凯……”她说出一堆小朋友的名字，他们都有固定的朋友。妈妈说：“如果你的好朋友今天没有来，你怎么办？你可以多交一些朋友，这样，你每天都会有小伙伴一起玩，多快乐呀！”但是这么大的孩子好像不能同时交几个朋友，每次只会和一个小朋友玩耍，妈妈觉得很奇怪。

一天，荣荣在楼前的小花园里玩耍，看到晓晓，两个小朋友玩了起来。但是欣欣来了后，荣荣和欣欣一起玩，荣荣就不再理睬晓晓了。原来荣荣和欣欣是非常要好的小伙伴。

晚上，晓晓和楠楠又玩到了一起，起初两个小朋友还是你让我我让你，晓晓给楠楠一粒豆豆吃，楠楠给晓晓一块苹果，别提多好了！可没过多久，两个人便为了一个筐子争了起来，谁也不让谁，任妈妈怎么劝也不行，两个宝宝都哭起来了。最后，谁也不理谁，哭着分开了，还表示再也不愿意一起玩了。但是第二天早上，两个宝宝遇到的时候，又高兴地拥抱在一起。宝宝之间真是奇怪，有时候难舍难分，有时候又互不相让。

宝宝为什么会这样

➢ 喜欢和同伴在一起是宝宝的天性

宝宝上了幼儿园之后，大都有交朋友的愿望和需求，喜欢和小伙伴一起玩耍，想得到同伴的认可。所以，他们通过玩耍找到适合自己的玩伴，找到之后，会经常在一起玩耍、游戏。通常年龄越小的宝宝越喜欢和固定的同伴玩耍，这样他们会有一种安全感和信任感。随着年龄的增长，宝宝的交往范围也会逐渐扩大。

➢ 宝宝的交往能力和技巧还不够成熟

通常宝宝们一起玩耍，不久就会产生矛盾，有时甚至互不相让，但是过一段时间后，或进行下一个活动时，他们又会和好如初，就像什么都没发生一样。曾经有两位家长为宝宝之间的矛盾吵架，但是两个宝宝早就乐呵呵地又玩到了一起。其实，这是这一年龄段宝宝的发展特点所决定的，3 岁的宝宝有时候非常固执、任性，有时又表现得非常独立，他们交友的能力和技巧还不够成熟，免不了会发生这样那样的矛盾。

➢ 受宝宝的性格影响

3 岁时，宝宝之间就已经表现出交往能力的差异了。例如，性格开朗主动型的宝宝，会玩且“点子”多的宝宝，有一定的交往技能，一般会主动结交朋友，并且会受到其他宝宝的喜欢；性格暴躁攻击型的宝宝，通常自制能力很差，爱打人、骂人，且破坏别人的活动，不会受到别人的喜欢；胆小懦弱忽略型的宝宝，则不喜欢参加小朋友的活动，也不会攻击别人，小朋友也往往会忽略他的存在。

父母应该怎样对待

➢ 利用环境帮助宝宝

妈妈可以利用自然环境，从小多带宝宝到小朋友聚集的地方玩耍，如小区的花园、公园或游乐场。还可以带着宝宝到有同年龄宝宝的朋友家做客，或邀请其他宝宝到自己家玩耍，给宝宝多提供一些娃娃家等角色游戏的玩具，让他扮演不同的角色。在游戏中宝宝会学习不同角色的交往方式，为他结交朋友创造良好的氛围。

➢ 教给宝宝一些交友技巧

给宝宝讲一些交友的故事，告诉宝宝在玩耍中要互相帮助，遇到问题想办法解决。例如，你想玩别人的玩具时，要征得别人的同意才行；如果两个人都想玩同一件玩具，就可以说“你先玩吧”或“你玩 5 下，我玩 5 下”；告诉宝宝要遵守游戏规则，不能耍赖，如果耍赖，就不能参加游戏。还可以给宝宝讲道理：如果两个宝宝你争我抢，谁也玩不好，还会耽误时间，不如两个小朋友商量好，两个人都可以玩，还很快乐。这样，宝宝再遇到类似的情况，就会寻找解决之道，而不是又哭又闹了。

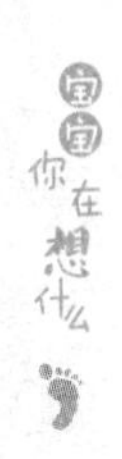

➢ 让宝宝学会玩

在游戏中，启发宝宝多种玩的方法。例如，对沙子、落叶或玩具，让宝宝寻找多种玩法。如果宝宝有了一种创新的玩法，就给予肯定，这样不仅会激发他玩的兴趣，而且有利于培养他爱动脑筋的习惯。这样的宝宝也往往会吸引小朋友跟他一起玩，从而增强自信，进而为他的交友提供机会。

➢ 让宝宝体验交友的快乐

当宝宝在和小伙伴的交往中有快乐的体验时，可以让宝宝谈谈他的感受。例如，妈妈可以对宝宝说："妈妈观察到今天你们遇到难题的时候，共同解决，你们非常快乐，是不是？"以此巩固宝宝交友的快乐体验，同时肯定他在交友过程中的良好技巧。又如，妈妈可以对宝宝说："小朋友们会通过商量来解决问题，宝宝还学会了宽容和忍让，你今天把玩具先拿给明明玩，还帮助明明拿小桶，明明很高兴，你也很高兴，你们合作得非常快乐。"

➢ 让宝宝自己尝试解决问题

当宝宝们发生冲突时，只要没有危险，父母就尽可能不干涉宝宝，让他们在争吵中逐渐明白游戏规则，慢慢学会解决问题。吵架也是宝宝发展智力、锻炼能力的途径之一。事后再给他们提供一些可参考的问题解决方式，以便他们再次遇到此类情况时能很好地解决。成人切忌为了宝宝而发生冲突，因为宝宝很快就会忘记彼此间的冲突，而成人一旦争执则很难忘怀，反而会影响宝宝之间的情感。

24 妈妈，你也要“听话”

案例故事

从幼儿园出来，妈妈忽然想起今天家里没有青菜，就对2岁11个月的女儿说道：“茜茜，陪妈妈到商店买点菜吧。”茜茜说：“从幼儿园出来的第一件事就是回家，这是规矩。”

这是妈妈上个月给她定的规则，那时候，她从幼儿园出来总要上小朋友家去玩，而她的喉咙总是不舒服。妈妈为了让她回家喝梨水、吃水果才严肃地制定了这一规则。谁知，她此时却搬出了这个规则。

妈妈想让女儿通融一下，就说：“茜茜，陪妈妈去买一点菜吧，要不然我们回家没菜吃。”可她就是不同意，又重复了一遍规则。妈妈无话可说，只好跟她一同回家。

妞妞的妈妈揪了花园里的一朵花给她玩，妞妞看到了，说：“妈妈，老师说不能摘花。”妈妈说：“我就摘一朵花。”妞妞非常认真地说：“一朵也不行，你把花还回去。”妈妈看看女儿认真的态度赶快向她承认了错误。

宝宝为什么会这样

➢ 宝宝以为规则是绝对的，必须遵守

宝宝从父母、老师那儿接受各种规则，并根据规则判断是非，指导自己的行为。在3岁左右的宝宝看来，来自父母、老

师的这些规则都是绝对的，不管在什么情况下，任何人都必须遵守。他们为服从而服从，以为不服从就应受惩罚。

➢ 宝宝对待规则很认真

一开始，宝宝并不知道什么该做，什么不该做，这就需要有一定的规则制约其行为，从而使其养成良好的习惯。如果宝宝认同这种规则，并养成了良好的习惯，就会像案例中茜茜和妞妞那样，非常认真地去遵守。

➢ 受父母言行的影响

俗话说，宝宝是父母的一面镜子。宝宝不仅从父母处学习规则，同时也在观察着父母是否自觉地遵守规则，从而加以模仿。如果父母言而有信，自觉遵守规则，宝宝也会说话算数，严格服从规则。如果父母破坏规则，宝宝也不会把规则当一回事儿。父母随地吐痰，宝宝也会随地吐痰；父母打人，宝宝也常常会出现攻击小朋友的现象。

父母应该怎样对待

➢ 协商制定规则，双方都要遵守

制定规则的时候，让宝宝参与，一同商量制定。父母要考虑到规则实施的效果和可行性，不要过于苛刻。规则一旦制定，就要共同遵守。例如，晚上几点洗漱，几点睡觉；到商店后只能买两样最喜欢的零食，不管再遇到什么样的好东西，父母也要恪守规则。宝宝违反“协议”和规则时，父母态度一定要坚决。

➢ 父母的榜样作用至关重要

父母平日就要说到做到，给宝宝制定的规则，自己首先要遵守。身教重于言教，要给宝宝树立一个好的榜样。因为规则对于父母同样是有效的，规则面前一律平等，如果父母违反了规则，应该主动向宝宝承认错误。

规则在执行时要始终如一，不要朝令夕改、虎头蛇尾，这是养成宝宝良好习惯和行为规范所必需的。

➢ 定期检查，及时表扬和提醒

形成一种监督和激励机制，以充分调动宝宝的主观能动性与积极性。赏罚分明，如果宝宝表现出不良行为而不听父母的“劝告”，就要付出一定的代价，如减少一次去麦当劳的机会，扣除一朵红花……父母要随时表明规则且言出必行，在宝宝表现出良好行为时给予鼓励和奖赏，如宝宝能按时回家，父母就可以给予红花等奖励。

➢ 根据宝宝的实际情况制定规则

制定规则要合情合理，符合宝宝的年龄及身心发展特点。尽量避免宝宝的抵触心理，保护宝宝的自尊心。我们的目标是建立一种秩序和权威，而不是为了侮辱孩子。管教宝宝是针对某一具体事件进行的，想通过一次管教解决所有问题是不可能的。刚开始，规则不宜定得过多、过细，要让宝宝容易记住、愿意执行。如 3 岁的宝宝能独立进餐，如果自己的宝宝还未形成独立进餐的习惯，就要制定相应的规则让他养成这一习惯。

➢ **多向宝宝解释**

当宝宝做出违反规则的事情的时候，如在沙发上不停地跳跃，父母限制这一行为的同时，还可以告诉宝宝为什么不能在沙发上跳跃，这样宝宝可能更容易接受。可以说："沙发是用来坐的，不能在上面跳来跳去，它很窄，从上面掉下来会摔伤的……"有时候还可以给宝宝一些替代物。如父母可以给试图扔盘子的宝宝一个塑料球或者小布包。"盘子不能扔，你可以扔塑料球……"

25 陪我玩一会儿，好吗

晚上，壮壮从幼儿园回来，高兴地要和妈妈做游戏，他说："妈妈，咱们玩小蚂蚁的游戏吧。你当蚂蚁，我当豆。"妈妈说："好吧！"壮壮蹲在地上，看着妈妈唱道："一只蚂蚁在洞口，看见一粒豆。……回洞请来好朋友，抬着一起走。"然后，他说："妈妈，你当豆，我当蚂蚁。"又玩了几遍。壮壮突然看到一个气球，说："妈妈，把气球当豆，我和你都当蚂蚁。"这时，壮壮看到爸爸从书房里出来，他又说："妈妈，你当豆，我和爸爸当蚂蚁。"一会儿，他又让爸爸当豆，妈妈和他当蚂蚁，爸爸妈妈在他的"指挥"下，不断地变换角色，都玩得非常高兴。

千千也要跟爸爸妈妈玩小鸭小鸡的游戏，但是妈妈说，她要干家务，很忙，爸爸说，他要看电视，千千很不高兴。这时，爸爸从玩具柜里拿出一筐玩具，说道："千千，这是爸爸昨天刚刚给你买的，别打扰大人，自己去玩玩具……"

宝宝为什么会这样

➢ 宝宝在家中缺少玩伴

现在，大多是独生子女，家中往往是两个大人（或四个大人）一个宝宝，宝宝缺少玩伴。在上幼儿园之前，宝宝几乎每天能和爸爸妈妈一起相处，没有什么“新鲜”的收获，爸爸妈妈也知道宝宝的活动。上了幼儿园之后，宝宝不是整天和爸爸妈妈相处，从幼儿园中又学到了很多的本领，还是爸爸妈妈不知道的，他们就很想把本领展示给爸爸妈妈看，实现表演的愿望。那么，此时的家长就成了宝宝的玩伴。

➢ 宝宝崇拜老师，喜欢模仿老师

宝宝上幼儿园之后，由一开始崇拜爸爸妈妈转为崇拜老师，老师在宝宝的心目中是最棒的人，因为老师会很多很多的东西。所以，他也想当老师，教给别人一些本领，这种愿望的实现依赖于家长的配合。

➢ 玩具不能代替玩伴

千千的爸爸为了不让千千打扰他，给千千拿来了新的玩具，但是玩具毕竟是“死”的，它不能够和千千产生情感交流。的确，玩具是宝宝必需的，是宝宝生活中的一部分，而爸爸妈妈的参与以及在游戏中和宝宝的情感交流更是宝宝身心发展不可缺少的。

父母应该怎样对待

➢ 与宝宝共同游戏

如果宝宝想跟父母玩游戏，父母就要暂时放下手中的“工作”，与宝宝共同游戏，高兴地扮演游戏角色，让宝宝的情感得到充分释放和发展。如果有事情脱不开身，必须先跟宝宝解释清楚，再跟他约定游戏的时间，他也会通情达理地接受。如果是家务活，可稍后再做，先跟宝宝游戏。在跟宝宝游戏的过程中，你会感到非常幸福、快乐，既可以融洽亲子关系，又可以缓解工作的压力。

每天跟宝宝交谈

幼小的宝宝最希望得到父母的关注，尤其当宝宝离开家庭走向幼儿园的时候，他非常渴望与人分享他在幼儿园的生活，所以，作为父母，最好每天留一些时间跟宝宝交谈。可以问问宝宝:“今天你在幼儿园干什么了？”“你们班里有没有什么新鲜事？”“你们班里养的小动物怎么样了？”父母还可以给宝宝讲一些故事。有些家长总是说自己工作忙，而不去跟宝宝交流、玩耍，等到宝宝长大了，即使询问，孩子也不会跟你开诚布公地交谈。

启发宝宝续编或改编游戏

当宝宝跟父母游戏的时候，父母可以利用他的兴趣启发他，让他续编或改编游戏，向他提出一些问题，发展他的创造力，这样一对一的提问在幼儿园中常常无法做到。如果宝宝能够续编或改编游戏，不管有无道理，父母都要给予奖励。

了解宝宝的生活，及时发现宝宝的问题

在与宝宝交谈和游戏过程中，父母可以最先发现宝宝的问题，如宝宝在上幼儿园初期，会常常发脾气，大声嚷嚷，这是

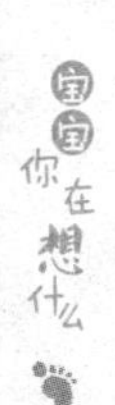

宝宝很正常的一种情绪发泄。此时就让宝宝多喝水，让宝宝发泄，而不是斥责宝宝。有的宝宝在幼儿园没有玩伴，此时父母可以教会他一些交朋友的方法。针对宝宝的一些问题，父母还可以及时和老师沟通，共同科学地教育宝宝。

26 我现在就要玩滑板车

案例故事

晚上，妈妈带着彤彤在门前的小花园里玩，邻居家的壮壮正在玩滑板车。彤彤看见了，就要玩滑板车。壮壮在妈妈的劝说下把滑板车给了彤彤，彤彤高兴地玩了起来，但是壮壮又想玩了，任凭妈妈怎么说，彤彤就是不给壮壮。壮壮要走了，妈妈把滑板车夺过来给了壮壮，彤彤觉得还没有玩够，边哭边喊："我也要滑板车，我也要滑板车……"然后躺在地上不起来。妈妈见状，只好答应给她买一个滑板车，可彤彤喊着"现在就要"，妈妈只好去商店买了一个滑板车回来。

这两日，彤彤生病在家，妈妈带她出来散步，她看见路上一个小朋友正在吃冰淇淋，她嚷嚷道："我也要吃冰淇淋。"妈妈说："你现在正生病，不能吃冰淇淋，等病好了再吃！"彤彤却怎么也不干，在大街上又哭又叫。妈妈无奈，只好给她买了一个小冰棍。

妈妈带彤彤上超市，她有时看见什么饮料就要马上喝，妈妈一点办法都没有，后来，妈妈都不敢带着彤彤上商店了。妈妈说："我的孩子怎么一点都不能克制自己呀，她看见别人有什么就要什么，我们不给她，她就哭闹，甚至不吃饭……"

芳芳也3岁了，她曾经跟彤彤一样，看到别人有什么东西，总忍不住让妈妈给买。妈妈说："你有的东西冬冬还没有呢，我们不可能样样都有，如果你想玩，就拿你的玩具试着和别的小朋友交换。"芳芳听出妈妈的语气很坚定，也就不再看到什么要什么了。

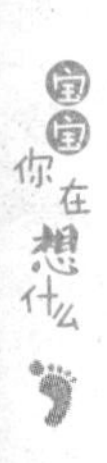

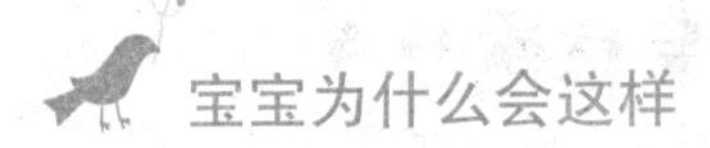

宝宝为什么会这样

➢ 平时宝宝的各种需求都能得到及时满足

现在很多宝宝在溺爱的环境中长大，他们的各种需求都能得到及时满足。常常是宝宝要什么，爸爸妈妈、爷爷奶奶就能马上给什么。许多父母可能因为自己小时候受过苦，不愿欠缺宝宝什么，对宝宝有求必应、速应，不让宝宝面对任何等待或任何挫折，认为这样做就是给了宝宝莫大的幸福。

➢ 宝宝的哭闹得到了父母的良好“支持”

有时候宝宝没有及时得到某种东西，但是在哭闹后，在父母“心软”的情况下得到了这种东西，宝宝就认识到了这种方法的有效性，并在生活中开始运用这种方法。在得到父母多次的“支持”后，宝宝就会把这种方法运用得游刃有余，没有得到满足时就表现出誓不罢休的态度，父母也就由“心软”到“无奈”，开始认为自己的宝宝就是这样不讲道理了。

➢ 和宝宝缺乏日常交流，没有适当地“延迟满足”

这个年龄段的宝宝已经可以和父母进行日常的交流，身体协调能力也进一步加强。如果每次遇到事情，父母总是粗暴地制止或没有原则地答应，就会使宝宝变得不讲道理。同样，缺乏“延迟满足”的训练，也会产生上述情况。

“延迟满足”能力的培养可以逐步把动作保持和情绪控制结合起来。增强宝宝的动作协调能力，尤其是精细动作的培养，有利于大脑抑制功能的发展，而这种功能是情绪控制的基础。当宝宝有控制不良情绪的表现时，要及时奖励宝宝。当宝宝出现“无理取闹”的情绪波动时，在保证安全的前提下，应该采取适当忽视的方法。

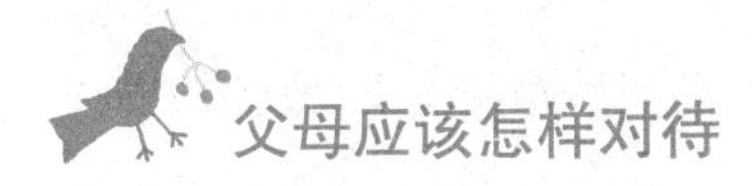

父母应该怎样对待

➢ 让宝宝等一等

可以和宝宝一起玩一些亲子游戏，如“金鸡独立”，看谁用一只脚站的时间最长，或者让宝宝用绳子把开口较大的小珠子穿起来，看看一分钟最多能穿多少个。在宝宝想吃某种喜爱的糖果之前，先和宝宝共同完成一个类似的游戏，如果成绩“达标”，就奖励他想吃的糖果。另外，“延迟”的时间可以逐渐加长，告诉宝宝“刚才你已经吃过一颗糖了，这颗糖要等吃完晚饭才能吃”。平时，宝宝需要什么东西的时候，父母可以有意识地让他等一会儿。如宝宝想吃饼干了，妈妈可以说：“宝贝，你先等一会儿，妈妈把碗刷了，就给你拿。”“你再穿一个小珠子。”“你跟妈妈一起把小玩具送到家，就可以吃了。”这个年龄段的宝宝，已能够理解“等”的含义，只是在等待的时间上，可以从最初的几分钟逐渐延长到一两天，逐步培养宝宝“延迟满足”的能力。

让宝宝学会适当控制自己“渴望”与“失望”的情绪，并逐渐认识到“任何东西不是想要就立刻能得到的”。

重视宝宝的“延迟满足”，让宝宝从小学会“延迟满足”。

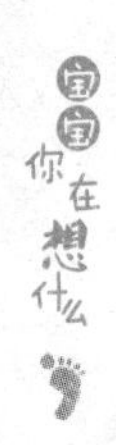

在这个过程中，宝宝学会期待，学会感激，学会珍惜，学会克制，学会奋斗，体验成功的快乐和人生的幸福。

➢ 给宝宝讲道理

两三岁的宝宝，自我意识已经开始萌芽，他们已经能够听懂一些道理了，所以在遇到上述事情的时候不妨给宝宝讲道理。如在超市，可以告诉宝宝："这个东西妈妈还没有付款，等妈妈付了款，你就可以吃了。"如果您认为某种饮料不适合宝宝饮用，可以告诉宝宝这些饮料不适合他饮用，给他选择一些其他的饮料。"现在你生病了，如果再吃冰淇淋，你的肚子会更疼的，不如等你病好了，妈妈和你一起吃冰淇淋。"然后给宝宝讲小动物（如小兔子）因为生病而克制自己的故事，让宝宝学习聪明的小动物。

➢ 管好宝宝的第一次无理哭闹

管好宝宝的第一次无理哭闹是非常重要的。如果宝宝第一次因为哭闹得逞了，他就会把哭闹作为自己达到目的的法宝，一旦自己的目的没有达到，他就会自然而然地拿出这一法宝，因为他了解了父母的弱点，知道怎么做就能争取到自己想要的东西。所以，在宝宝第一次耍赖的时候，父母一定要控制好自己的情绪，态度一定要坚决，让宝宝明白哭闹是没有用处的。那么宝宝会自然而然地丢掉这个"无用"的法宝，逐渐变得懂事、讲道理。

➢ 转移宝宝的注意力

宝宝总是觉得别人的东西好玩，这是很正常的，但是如果宝宝总想把别人的东西变成自己的，或看到别人有总是自己也要有，那就不行了。如果宝宝这样，父母可以转移宝宝的注意力，带宝宝观察他非常感兴趣的事情。之后，可以告诉宝宝，每一个人都不可能拥有所有东西，不是别人有的东西他都能得到，为什么妈妈要给宝宝买这些东西而不买那些东西，或者等他过生日的时候，或再长大一点给他买，因为现在玩这个会很危险，还可以让宝宝讲一讲，他有什么东西而小朋友没有的，等等。

➢ 提前给宝宝提要求

出门前，跟宝宝商量好：不能随便要东西，如果确实有想要的东西，要和妈妈商量，妈妈同意后再买；如果发生了为买东西而哭闹的事情，妈妈就会马上离开超市，什么东西都不买了。

➢ 与宝宝共同游戏并一定履行诺言

父母切记答应宝宝的事情一定要准时兑现，不能因为宝宝年龄小或忘记了，就不去履行自己的诺言或敷衍宝宝。在宝宝讲道理、等待后，父母可以亲亲、搂搂宝宝，以示肯定和鼓励。

27 妈妈，别催我

案例故事

早上7点钟，妈妈把3岁的辰辰叫了起来，让他自己穿衣服，准备吃饭后送儿子上幼儿园。过了10分钟，只见辰辰还在床上，妈妈有些着急了，因为辰辰一晚起，妈妈上班就要迟到了。妈妈赶快替辰辰穿好衣服，叫他去刷牙，等到妈妈的事情全部准备完毕，辰辰仍然在对着镜子玩耍。妈妈只好给辰辰洗脸、刷牙，催促辰辰快点换鞋出发。一早上，尽管妈妈着急，可是辰辰却是东看西瞧，任妈妈怎么催促、着急，他仍然“我行我素”。

妈妈问老师：“辰辰在幼儿园做事情如何？”老师说：“辰辰常常是最后一个穿完衣服，有时候，小朋友都要吃午点了，他仍然不紧不慢地边玩边穿衣服，做任何事情都不着急。”妈妈觉得很奇怪，自己是个急性子，怎么儿子偏偏慢悠悠！

“小小，快点，再磨蹭，上幼儿园又要迟到了，快点，要不然吃不上早饭了。”每天早晨，小小的妈妈都急促地催着小小加快速度。每天都是紧赶慢赶才勉强赶上幼儿园的早餐，妈妈一脸的无奈。老师也说：“让小小来早一点，否则饭菜凉了，吃到肚子里难受。”可是任妈妈和老师怎么说，小小做事情仍然磨磨蹭蹭，不着急不着慌。

宝宝为什么会这样

➢ 宝宝的天性使然

心理学家将人分为胆汁质、多血质、抑郁质和黏液质四种气质类型。胆汁质的特点是言语、动作急速，难于自制；多血质的特点是言语、动作敏捷；黏液质的特点是言语、动作迟缓；抑郁质的特点是言语、动作细小无力。可见，黏液质和抑郁质的宝宝是“天生”的慢性子，神经类型往往属于相对安静而缓慢型。这一类宝宝做任何事情都是慢吞吞的，老是跟不上别人的速度，哪怕大人发脾气也快不起来。先天的气质类型一生都不能改变，也没有好坏之分。因此，父母对于宝宝的气质只能接受和因势利导。

➢ 宝宝的注意力不集中

家长吩咐宝宝做事情时，宝宝通常没有集中注意力听。他们容易被周围环境中的事物吸引，一会儿玩玩具，一会儿看电视，有时对父母要求的事情就显得“漫不经心”了。

➢ 宝宝对任务不感兴趣

有些宝宝面对他感兴趣的事，动作很快，不感兴趣的事就磨蹭。例如，今天要去动物园玩，宝宝能很快穿好衣服、袜子，还反过来催大人。如果换成要他去收拾散落一地的玩具，任妈妈喊破嗓子，他的动作依然慢吞吞。

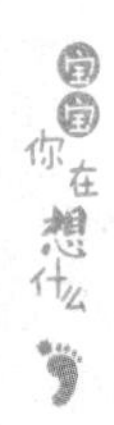

▶ 父母的教育方式不正确

有的父母对宝宝过分保护，出于“爱护”的心理或担心宝宝“做不好”，不让宝宝做力所能及的事情。宝宝不用动手也能得到想要的一切，逐渐就形成了很强的依赖性和惰性，没有自理的愿望，对自己没有责任心。有的父母性格急躁，没有耐心，一旦宝宝磨蹭，就使劲儿催促他，或对他发脾气，甚至干脆大包大揽，替他干了，如案例中辰辰的妈妈；有的父母经常直接批评宝宝，给宝宝贴上“慢”或“磨蹭”的标签，久而久之，宝宝反而无所谓了。

父母应该怎样对待

▶ 进行计时活动

从宝宝的实际表现出发，增加计时性活动。做某件事情，需要多长时间，事先设定，然后以最快速度保质保量地完成。事后父母与宝宝一起评价，调整要求，争取下一次做得更好。如果父母跟宝宝一起进行计时阅读、计时记忆、计时答题、计时劳动的小竞赛，会有更好的效果。通过让宝宝做一些练习，逐渐延长宝宝集中注意力的时间。父母在给宝宝布置任务时，注意观察和交流，确保他完全听明白。

▶ 让宝宝认识到快的益处

宝宝很快完成任务后，父母应该进行适当的奖励。例如，“宝宝今天穿衣服快了，只用了 5 分钟。妈妈晚上奖励宝宝一个小故事。”或者满足宝宝的一个合理要求，给宝宝爱吃的食品，父母满意、信任的目光，亲切、喜悦的笑脸等。节约出来的时间，可以让宝宝做一些自己感兴趣的事情。

鼓励为主，正面引导

父母要改变追求完美的想法，试着把责备改成鼓励，如“你能行”、“你可以快起来的”、“只要集中注意力就好了”。在宝宝做的过程中，父母不要急于求成，要有耐心和信心，及时肯定宝宝的点滴进步。

坚持原则

凡是宝宝力所能及的事情一定要他自己做，不要让他养成投机取巧的心理。例如，妈妈要求宝宝自己收拾玩具，但宝宝在那里磨蹭，想等着妈妈做。结果妈妈看不下去，骂几句之后，还是帮他收拾，这样是不会有任何教育效果的。

总之，宝宝磨蹭的原因可能是多方面的，作为父母，应该根据自己和宝宝的实际情况加以细致分析。只要您有足够的耐心，按照正确的思路和方法，持之以恒，宝宝就能集中注意力很快干完一件事情。

图书在版编目（CIP）数据

宝宝你在想什么／姜聚省，刘儒德著．—上海：华东师范大学出版社，2013.9

ISBN 978-7-5675-1229-0

Ⅰ.①宝… Ⅱ.①姜…②刘… Ⅲ.①婴幼儿心理学 Ⅳ.①B844.11

中国版本图书馆 CIP 数据核字（2013）第 226319 号

大夏书系·家庭教育

宝宝你在想什么

著　　者　姜聚省　刘儒德
策划编辑　李永梅
审读编辑　李热爱
封面设计　奇文云海·设计顾问
责任印制　殷艳红

出版发行　华东师范大学出版社
社　　址　上海市中山北路 3663 号　邮编　200062
网　　址　www.ecnupress.com.cn
电　　话　021－60821666　行政传真　021－62572105
客服电话　021－62865537
邮购电话　021－62869887　地址　上海市中山北路 3663 号华东师范大学校内先锋路口
网　　店　http：//hdsdcbs.tmall.com/

印 刷 者　北京密兴印刷有限公司
开　　本　890×1240　32 开
印　　张　8.5
字　　数　180 千字
版　　次　2014 年 4 月第一版
印　　次　2014 年 4 月第一次
印　　数　6 100
书　　号　ISBN 978－7－5675－1229－0/G·6844
定　　价　25.00 元

出 版 人　朱杰人

（如发现本版图书有印订质量问题，请寄回本社市场部调换或电话 021-62865537 联系）